核心心理学的艺术化展现与国际化传播（港澳台合作项目，项目
荣格心理学的临床应用与艺术化展现研究（港澳台合作项目，项

The Eye of the Heart,
Visual Arts
and Jungian Psychoanalysis

无意识的智慧

——荣格心理学与视觉艺术研究

籍元婕 著

吉林大学出版社

·长春·

图书在版编目（CIP）数据

无意识的智慧：荣格心理学与视觉艺术研究 / 籍元婕著 . -- 长春：吉林大学出版社，2024.10. -- ISBN 978-7-5768-4254-8

Ⅰ．B84-065；J06

中国国家版本馆 CIP 数据核字第 2024T5J981 号

书　　名：无意识的智慧——荣格心理学与视觉艺术研究
　　　　　WUYISHI DE ZHIHUI——RONGGE XINLIXUE YU SHIJUE YISHU YANJIU
作　　者：籍元婕
策划编辑：卢　婵
责任编辑：卢　婵
责任校对：陈　曦
装帧设计：文　兮
出版发行：吉林大学出版社
社　　址：长春市人民大街 4059 号
邮政编码：130021
发行电话：0431-89580036/58
网　　址：http://www.jlup.com.cn
电子邮箱：jldxcbs@sina.com
印　　刷：武汉鑫佳捷印务有限公司
开　　本：787mm×1092mm　　1/16
印　　张：16.75
字　　数：240 千字
版　　次：2024 年 10 月　第 1 版
印　　次：2024 年 10 月　第 1 次
书　　号：ISBN 978-7-5768-4254-8
定　　价：96.00 元

版权所有　翻印必究

心灵之光，本色素然

申荷永

无意识的智慧传达心灵之光，心灵之光中也包含无意识的智慧；本色素然，质朴无华；含章可贞，嘉会合礼。籍元婕博士在其《始之未济——心理分析在中国》影视作品的基础上，完成这部新著：《无意识的智慧——荣格心理学与视觉艺术研究》，旨在从视觉艺术的视野，探索荣格心理学中的核心思想，呈现无意识的智慧与心灵的光辉；希望能与读者一起，走进我们每个人自己的内心世界，发现与感受其中久违的美与智慧。

作者从《易经》艮卦的意象开始，智慧与艺术已在其中，如易之说卦："成言乎艮"。艮主土，五行之母，寓意坤德。"艮其背，不获其身，行其庭，不见其人"，呈现的是无我的境界，蕴含道家之虚与佛家之空，以及儒家之止；正是无意识智慧的体现。

继而，元婕提及《易经》家人大象："君子以言有物，而行有恒。"言为心声，心生而言立，言立而文明；恒者心以舟施，日月四时得其久，圣人久于其道而天下化成；于是，我们可以赞美《易经·恒卦》之象辞："观其所恒，而天地万物之情可见矣。"感受其中的无意识智慧与艺术魅力。

书中有对荣格《红书》的阐释与反思。荣格曾将其对《红书》的创作，称其为自己一生最艰辛的心理学实验。那么，如此艰难的探索，荣格要寻找什么呢？亦如《红书》所示，荣格所要寻找的，是"心的知识"（the knowledge of the heart），以及"用心的方法"（或直觉方法，intuitive method，荣格称其为"中国方法"，标明源自《易经》）。于是，作者在书中介绍了"核心心理学"（psychology of the heart），以及其中所包含的核心智慧（wisdom from the heart）；心理分析与中国文化，以及荣格分析心理学在中国的发展。

在本书的引言中，作者引用《易经·贲卦》之象辞：观乎天文以察时变。观乎人文以化成天下。很多年前，卫礼贤（Richard Wilhelm，发现中国内在世界的马可·波罗，荣格的良师益友），曾在德国法兰克福中国学院以贲卦为线索讲授文化与心灵艺术，获得荣格的赞美。荣格也尤其欣赏孔子得遇贲卦，以及其中"贲其须"的意象和意义（六二，贲其须；《象》曰：贲其须，与上兴也。）六二居正位，合乎时宜，故能发抒为文，以美其上。

贲之为文，如贝如卉，贲卦六爻上下阴阳交互相对，离下艮上，地在天中；其上九爻辞："白贲，无咎。"白犹素质，本性天然；原始要终，返本复始，如始自未济，成真于天。亦如其《象》："白贲无咎"，上得志也。于是，敦复无悔，复见天地之心。

心灵之光，本色素然，谨以此作为籍元婕《无意识的智慧——荣格心理学与视觉艺术研究》的序言。

2024年9月于麓湖洗心岛

只愿于无声处现"惊雷"

安 洋[①]

当籍元婕老师的这本书的小样放我案头时，我有些懵：一是对荣格理论我是外行，二是对视觉艺术我也不在行。犹如，鸡同鸭讲。

然而这本书打动我的是，作者对社会问题的关注，在人文关怀上的悉心。无需讳言，心理问题越来越多，已经成为不容忽视的社会问题，本人痛苦、家人无奈、朋友揪心，常有"喊天不灵，呼地不应"的无助，甚至时有悲剧的发生。

同时，也无需讳言，当焦虑、抑郁成为现实生活和媒体资讯的热词时，心理工作者、医疗工作者、社会工作者当责无旁贷。当喜的是，籍元婕老师力图从另外一个视角试作探索。

对书中理论和学术方面的东西，我无力评价。但对视觉艺术对人类心

---

① 人民日报社原高级记者，山西省广播电视协会会长，山西新闻工作者协会副主席。

理、灵魂及情绪的触动略有体会。生活中，常常有这样的情形，一幅画、一张照片、一帧画面、一个场景、一组短视频，或使人怦然心动，或心头一亮，或思绪万千，或忽然开朗，或忧郁惆怅。引发这种心理和情绪的微妙变化时时刻刻都在发生，如果把这些正向的"引发"运用在心理学的研究上，运用在对患者的帮助上，将是一件很有意义的事。

此处无声胜有声，只愿于无声处现"惊雷"。

2024年8月于并州

自　序

籍元婕

　　正所谓言者不知，知者默言，荣枯咫尺异，万变意无穷。《易经》艮卦有言"艮其背，不获其身，行其庭，不见其人，无咎。"家人卦言："君子以言有物，而行有恒。"言者不如知者默，真正的智慧往往不在于言辞的华丽，而在于行动的坚定和思想的深邃。《易经》作为中国古代的一部博大精深的经典，其核心思想之一就是"道法自然"，认为万事万物都有其自然的规律和节奏。

　　众所周知，我们在探索心灵深处的无形之谜的旅途中，常常感受到语言的有限与心灵的无限；在浩瀚的学术研究中，当我们碰触到心灵深处的宇宙那一刻，总感觉语言的表达不足以完全呈现出心灵的表达。卡尔·荣格的分析心理学理论于我而言，犹如一颗启明星一般，当我为探索心灵深处的奥秘陷入深思和无奈时，为我打开了一扇有机会认识人类无意识的独特窗口。本书旨在从视觉艺术的视角出发，深入探讨荣格心理学中的集体无意识、原型和象征等概念，以及它们如何在心灵深处与我们的意识进行对话，让我们从深度心理学的角度理解自我，探索心灵。

正如荣格博士所言，我们对于象征、图案、符号，以及镜头这些非语言性表达是与生俱来的，但伴随着每一个人的长大，这种非言语性的表达方式距离我们越来越远。科技的飞速发展，人工智能的产生及变革，让我们在还没有来得及了解心灵深处的结构时，就必须面对新的变化。在我的学术旅程中，我始终被人类心理的复杂性和创造力所吸引。因为痴迷和探索，借助梦的指引，我接触到了荣格。在求学路上，有缘遇到了自己的恩师申荷永教授和范红霞教授，他们为人谦和，学识渊博，亦师亦友，给予了我莫大的鼓励和帮助，是他们为我打开了荣格心理学的大门，引领我走入了心灵与艺术的殿堂。

本书的写作源于我对视觉艺术与心理学交叉领域的长期兴趣。荣格心理学为我提供了一种理解个体与集体心理交互作用的方式，尤其是集体无意识中原型的力量，这些原型通过艺术作品得以显现，并影响着我们的情感和认知。在长期的学习和研究中，我观察到，视觉艺术作品往往能够触及我们内心深处不被言说的情感，这与荣格关于无意识如何通过梦境和原型表达自身的理论不谋而合。因此，我将荣格的理论作为框架，以我的博士研究为基础，对心理分析在中国的发展历史进行了学术研究和视觉艺术化呈现，希望以这种交叉学科结合的研究方式探索文化，以及集体无意识背后的文化元素和原型意义。

在此过程中，我也意识到，尽管荣格的理论在心理学和文学领域得到了广泛应用，其在视觉艺术领域的潜力却尚未被充分挖掘。艺术家们如何通过视觉语言传达集体无意识的内容，以及观众如何接收并解读这些信息，是我在本书中试图回答的问题。此外，我希望通过这本书，能够激发读者对艺术与人类内在世界的好奇心。艺术不仅仅是美的呈现，它还是连接我们内在世界的桥梁。希望更多的读者能够了解荣格，了解分析心理学，透过荣格的视角，我们可以更深刻地理解视觉艺术作品背后的深层含义，以及它们如何反映和塑造了我们共同的文化和心理结构。

在撰写本书的过程中，我与许多学者、艺术家和心理学家进行了深入的交流和讨论。他们的见解极大地丰富了我的思考，也使我能够更加深入地探讨这一主题。我在此对他们表示衷心的感谢。

最后，我希望本书能够为读者提供一种新的视角，帮助大家在欣赏艺术作品时，能够洞察到作品背后隐藏的无意识智慧。正如荣格所说，真正的艺术来自无意识的深处，它是我们共同梦想和经验的象征。通过这本书，我希望能够引导读者走进那些隐藏在我们每个人心中的秘密花园，发现那些被遗忘的智慧和美。

2024年6月于龙城太原

引　论

　　在人类心灵的无尽迷宫中，荣格心理学如一束明亮的灯光，引领我们穿越思维的迷雾，逐渐揭开心灵深处的奥秘。在这无垠的心理宇宙中，我们仿佛飘浮在各种符号与象征之间，立志于触摸到那深邃的智慧之泉。视觉艺术，是一种通过视觉元素，如镜头、画面、图像、色彩、构图等，传达情感、表达思想和创造美感的艺术形式。作为一种深刻而独特的表达形式，视觉艺术是这迷宫中的一幅幅瑰丽画卷，犹如镜头下的心灵透视，其中蕴藏着人类情感、梦境和无意识的叙事语言体系。

　　《易经》云："观乎天文，以察时变；观乎人文，以化成天下。"在《易经》的哲学体系中，卦象象征着宇宙间的无穷变化，是一种超越时空的语言，承载着人类对宇宙奥秘的探索。《易经》运用象征符号的原始语言，向我们揭示着人类内在精神世界的奥秘，将心灵的脉络与艺术的符号交织成一幅宏伟的图卷。荣格心理学亦如易经之卦，通过原型和符号的意

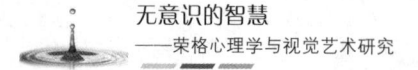

象象征，为我们呈现出内在精神世界的微妙变化，指引我们深入心灵的深渊，呼唤我们去观察那些隐藏在日常生活背后的神秘影子，去解读梦境中的寓意，以此探索人类无意识及心灵的奥秘。

本书是一段对心灵深处的探索之旅，是对集体无意识、符号和原型的思考和研究，亦是一场心灵的舞蹈，将荣格心理学与视觉艺术相约于一页页白纸之上，共同绘制出一个深邃而神秘的图景。我们将在这次交汇中探讨人类心灵如何在视觉艺术的翅膀下展翅，如何通过镜头、画笔、色彩和符号，将精神世界内在的情感和梦境诉诸于世，更是一场寻找灵魂根源的冒险，是自我心性发展和自性化研究的实践。

我们将在这美妙的探索过程中，寻找荣格心理学与视觉艺术的契合之处，希望这本著作能够有机会为您揭开心灵深层的视觉谜团，带领您穿越符号的迷雾，感悟集体无意识原型与视觉符号象征的神秘魅力。让我们共同探寻视觉艺术之门背后所蕴含的无意识之智慧！

目　录

第一部分　心灵之光：荣格心理学的基石

第一章　命名与启蒙：荣格心理学的起源与背景 ……………… 3

一、荣格的早年生活和教育背景 ……………………… 3

（一）童年生活 ……………………………… 3

（二）职业生涯的发展 ……………………… 4

（三）荣格与卫礼贤 ………………………… 5

二、分析心理学的创立与发展 ………………………… 6

（一）分析心理学的创立 …………………… 6

（二）分析心理学的发展 …………………… 8

（三）分析心理学的传播 ………………………………………… 11

　　（四）国际分析心理学会 …………………………………………… 13

　　（五）分析心理学在中国命名与启蒙的重要性 ………………… 14

三、荣格的学术研究与贡献 …………………………………………… 28

　　（一）个体无意识的深刻理解 …………………………………… 28

　　（二）集体无意识与原型概念的提出 …………………………… 31

　　（三）自性化概念的引入对临床应用的影响 …………………… 34

　　（四）对宗教、文化符号和人类发展的独特洞察 ……………… 38

　　（五）荣格的学术成就及评价 …………………………………… 40

第二章　历史与传承：荣格心理学在中国的发展 ……………… 42

一、荣格心理学在中国发展的文化背景 ……………………………… 44

　　（一）中国文化的包容性 ………………………………………… 44

　　（二）荣格对中国文化的深入研究 ……………………………… 46

　　（三）中国学术界对荣格心理学的接受与交融 ………………… 47

二、荣格心理学在中国发展的历史脉络 ……………………………… 52

　　（一）初期的学术引入阶段 ……………………………………… 52

　　（二）中期的研究中断阶段 ……………………………………… 53

　　（三）当代学术研究和国际化传播阶段 ………………………… 53

三、荣格心理学在中国发展的主要内容 ·········· 60
（一）荣格心理学在中国发展的哲学背景 ·········· 60
（二）荣格心理学在中国的历史发展过程 ·········· 61
（三）东西方文化与无意识心灵的深度融合 ·········· 67

第三章 整合与体验：荣格心理学在中国发展的意义 ·········· 71

一、得心应手，观感化物 ·········· 71
（一）意识与无意识的碰撞与感应 ·········· 71
（二）《易经》与"道"对荣格心理学的影响和意义 ·········· 76
（三）分析心理学是心理咨询及临床应用的重要基石 ·········· 79

二、贞吉无悔，君子之光 ·········· 84
（一）分析心理学之伦理与道德 ·········· 84
（二）分析心理学之象征与语言 ·········· 94
（三）分析心理学之超越与转化 ·········· 101

三、物不可穷，始以未济之生生之义 ·········· 117
（一）变易者也，是以始终 ·········· 117
（二）心灵花园之守护与救赎 ·········· 118
（三）表达性艺术治疗之自由与保护 ·········· 133

第二部分　智慧之画谱：镜头下的荣格心理学

第四章　荣格心理学与视觉艺术象征·················159

一、符号学与象征在荣格心理学中的重要性·············159

（一）荣格心理学中的符号学基础·················159

（二）象征的意义与功能·····················162

（三）符号学与象征的文化维度··················166

二、荣格人格结构概述·······················167

（一）人格的原始统一性·····················168

（二）集体无意识与原型·····················172

（三）原型与符号的互动·····················176

三、荣格心理学视角下的视觉艺术个案研究·············177

（一）梦中受伤的流浪狗：分离创伤的表达·············179

（二）咬伤脚后跟的蛇：父亲情结与严重创伤············181

（三）石雕蛇与红宝石符号：父亲情结的转化············183

（四）水中的蛆和食人鱼之象征··················185

（五）自我与自性轴的意象出现··················188

（六）金鱼、鲲鹏与自性的能量转化················190

第五章　荣格心理学的视觉艺术呈现……………………………… 194

一、纪录电影《始之未济——心理分析在中国》
制作意义和目标…………………………………………… 194

二、纪录电影《始之未济——心理分析在中国》
故事梗概及内容…………………………………………… 196

三、纪录电影《始之未济——心理分析在中国》之于导演 ……… 209

参考文献……………………………………………………………… 212

附　录………………………………………………………………… 225

后　记………………………………………………………………… 244

第一部分

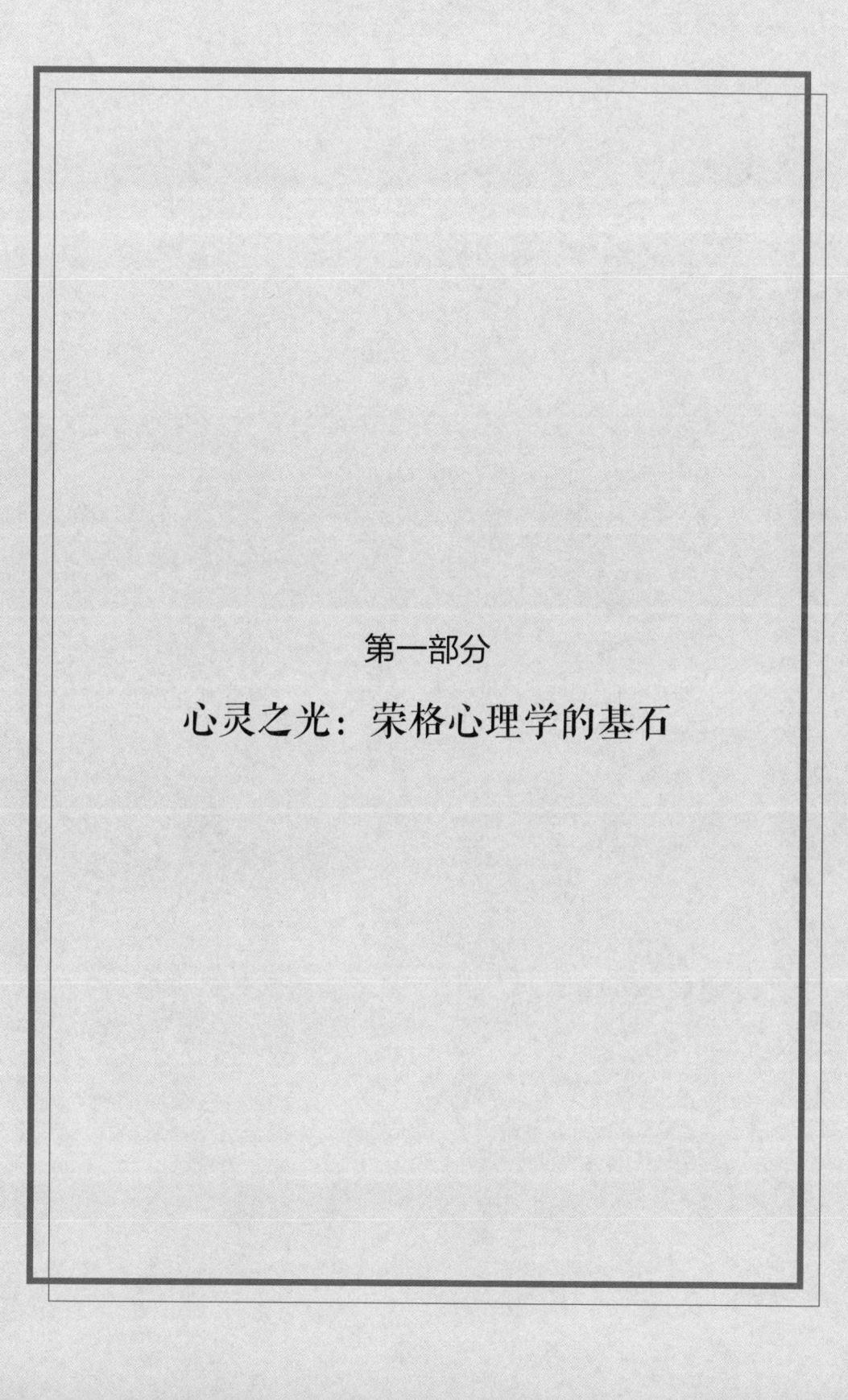

心灵之光：荣格心理学的基石

第一章 命名与启蒙：荣格心理学的起源与背景

卡尔·古斯塔夫·荣格（Carl Gustav Jung，1875年7月26日—1961年6月6日）是瑞士著名的精神分析学家和心理学家，被认为是心理学领域最具影响力的思想家之一。他的早年生活对他后来的学术研究产生了深远的影响。

一、荣格的早年生活和教育背景

（一）童年生活

荣格于1875年7月26日诞生于瑞士东北部一个宁静小镇的康斯坦茨湖畔克什维尔的乡村里（基尔森堡），他的名字取自他的祖父——巴塞尔大学医学教授的名字。他的父亲是瑞士新教的牧师，由于父亲在他6个月的时候就被派到莱茵河畔的另一个乡村——洛芬去当教区牧师，并且他的母亲可能由于家庭原因出现了神经失调的情况，所以荣格从小便住在牧师的住宅里。偶然的一次机会，他的姑妈带他到阿尔卑斯山的后山，荣格立刻就被它的巍峨耸立而吸引，在荣格的一生中，尽管精神生活方面有了很高的发展和成就，他依然始终保持着与大自然的亲近。荣格说："没有水，也就根本没有人能够生存。"①

荣格的父亲和八个叔父都是牧师，并且经常有当地的渔夫在险恶的瀑布下丧生，所以他保留着对葬礼的深刻回忆。当荣格还是一个孩子的时候，他的身边就经常出现身穿黑袍、面孔严肃的人。从童年时期开始，荣格就拥有许多属于他自己的梦、体验和感情，但是当时只要问题涉及宗教就被认为是禁区，所以他小时候从来不敢告诉任何人。因此，荣格的童年几乎是在不能忍受的孤独中度过的，他说："我与世界的关系已经被预先决定了，当时的我和今天的我都是孤独的。"②但在这样的生长环境下，荣格在童年时期就展现出对哲学和神秘学的浓厚兴趣，对人类内心世界的好奇心驱使着他不断地探索，燃起了对知识的兴趣和追求，这些兴趣在他后来的学术生涯中得以深化和拓展。

宗教信念上的冲突贯穿了荣格整个青少年时期，他没有从当时的书本上找到问题的答案，当这种冥思苦想使他感到疲劳的时候，他就会阅读诗歌、戏剧作品和历史著作。他发现，在这样的文学艺术作品中可以获得暂时的解脱。荣格描绘自己在青年时代是一个孤独而书生气十足的人，对世界充满了寻根问底的好奇心。在临近高中毕业的时候，他对许多学科都有很深的兴趣。科学中的具体研究对象吸引着他，同时他也比较倾心于宗教和哲学。最终在完成高中学业后，他踏入巴塞尔大学的大门，在20岁这年终于找到了适合他自己兴趣和志向的专业，开始了医学的学习之旅，并由此奠定了他的研究基础。

（二）职业生涯的发展

荣格早期的学业主要集中在医学领域，他之后一直在苏黎世大学攻读

---

① 霍尔. 荣格心理学入门［M］. 冯川，译. 北京：生活·读书·新知三联书店，1987：24.

② 同①。

医学学位。1900年12月10日，他被任命为苏黎世布勒霍尔兹力精神病医院的助理医师，布勒霍尔兹力是欧洲最负盛名的精神病医院，院长欧根·布洛伊勒（Eugen Bleuler）由于擅长治疗精神病并发展精神分裂症理论而闻名于世。由此，荣格在医学院期间逐渐对精神病理学产生了浓厚的兴趣，他投身于大量的临床实践，与众多患有精神疾病的患者进行接触。这些亲身经历深刻地触动了他的心灵，激发了他对心理学的深入探索。并进入了心理病理学的研究领域。在与西格蒙德·弗洛伊德（Sigmund Freud）的交往中，荣格逐渐成为精神分析运动的积极参与者。

荣格与弗洛伊德的合作是他学术生涯中的一大亮点。然而，由于在对集体无意识以及情结（complex）等理论观点上的分歧，两位学者最终关注的研究领域有所不同。荣格更加主张个体的心灵不仅受到个人经历的影响，还受到历史、民族以及文化等集体无意识的塑造。本书不打算就这一问题做深入的考察，总之在与弗洛伊德和精神分析学分道扬镳之后，荣格自身陷入了深刻的思考之中，荣格形容自己当时处于一种混乱且动摇的状态，他把所有的时间都花费在对自己的梦和意象的分析上，他要通过这种心理分析的方式来对自己无意识领域进行深刻的探索。沉寂3年后，荣格出版了《心理类型》一书，在这本书中，他不仅讨论了他自己与弗洛伊德和阿德勒之间的性格差异，而且对不同性格类型进行了描述和分类。

（三）荣格与卫礼贤

卫礼贤（原名：理查德·威廉，Richard Wilhelm）是当时在青岛的传教士，是一位中国文化的权威，他曾经将《易经》翻译成德文流传到欧洲。通过卫礼贤，荣格逐渐对东方文化有所熟悉，卫礼贤还引导荣格对炼金术产生兴趣。荣格的最重要的著作之一便是在东方文化的影响下出版的《心理学与炼金术》，这本书出版于1944年。也正是荣格对一些没有科学实证的内容产生兴趣，导致他屡遭批评。当下看来，这些批评显然是不公正的。①荣格并不是作为信徒,而是作为心理学家去研究这些内容,其中最重要的问题是这些看似神秘、科学无法解释的现象究竟揭示了人类心灵深处的哪些层面。

荣格从他的早年经历中得知,人的无意识心理可以反映在梦中、幻觉中,以及布勒霍尔兹力医院精神病人的妄念之中。他本人是不愿意把他的理论指定在任何体系化的教条和公式里的。科学理论是对于客观现实的抽象,这一抽象的规律性来源于无数的具体事实,它们的用途在于揭示人格以及行为中所共有的内容。抽象的理论和规律如何见之于特殊的个体人格和行为,是荣格最感兴趣的研究。所以,他更多地着眼于具体真实的个人,着眼于在医院里坐在他面前的具体个人的内心世界的复杂性。荣格作为一名精神科医生,在正式提出分析心理学这门学科理论之前,做了大量的关于精神病人无意识的实验研究,他在着手具体研究的过程中不仅是一位训练有素的科学家,更是一位人本主义者。②

二、分析心理学的创立与发展

(一)分析心理学的创立

荣格分析心理学的创立源于对弗洛伊德精神分析理论的深入研究和反思,其发展是心理学领域一段丰富而多元的历史。荣格从接触心理学开始,一直属于弗洛伊德精神分析学派,直到与弗洛伊德关系破裂之后,荣格才形成了属于自己的心理分析理论体系。

在荣格看来,人格作为一个整体被称为精神(psyche),这个拉丁文

---

① 霍尔. 荣格心理学入门[M]. 冯川,译. 北京:生活·读书·新知三联书店,1987:24.

② 同①。

第一章 命名与启蒙：荣格心理学的起源与背景

的含义就是"精神"（spirit）或者是"灵魂"（soul）。在现代，我们对它的理解已经逐渐变成了"心灵"或"意识"（mind）的意思。但是，精神包括了所有的思想、情感和行为，无论是意识到的还是无意识的，它都像一个指南针一样调控个体自我，使得每一个人能够适应自然环境和社会环境。荣格认为"心理学不是生物学，不是生理学，也不是任何别的学科，而是这种关于精神的知识。"①精神这一概念表明了荣格心理学的基本思想，也就是个体从一开始就是一个整体。他明确地反对拼凑的人格理论，他认为人并不应该致力于人格的完整，人格本来就是完整的状态，一个人生来就具有一个完整的人格，在人的一生中最应该做的，只是在这种固有的完整的人格基础上，去最大限度地发展它的多样性、连贯性和和谐性。荣格说，我们应该警惕让完整的人格分裂或是相互冲突。分裂的人格是一种扭曲的、分散的人格，心理分析的工作就是要帮助病人恢复他们失去了的完整人格，强化精神以使他们能够抵御未来的人格分裂。

精神是由若干不同的彼此相互作用的系统和层次构成的，从整体去理解心灵的时候，荣格将其区分为意识、个人无意识和集体无意识3个层次，个人无意识的主要内容是情结，集体无意识的主要内容是原型，故而荣格心理分析的终极目标就是人类精神的综合。在此基础上，荣格最初把自己的理论体系称为情结心理学，后来更名为分析心理学，其理论体系不仅包括心理学概念和原理，更重要的是包括治疗心理病症的技术和方法。荣格还将东方哲学和宗教的思想引入了他的理论中，形成了一种综合性的心理学观点。分析心理学不仅是过去的历史，更是当代心理学思考的重要组成部分，为人类心灵深层次的理解提供了独特的视角。

---

① 霍尔. 荣格心理学入门[M]. 冯川, 译. 北京：生活·读书·新知三联书店, 1987: 24.

（二）分析心理学的发展

最早的分析心理学会成立于1912年，是以荣格为主导的苏黎世精神分析学派，1914年由于荣格脱离弗洛伊德精神分析学会而独立。1948年，荣格学院在库斯纳赫特建立，1955年成为国际分析心理学会（The International Association for Analytical Psychology, IAAP）。荣格晚年致力于研究宗教现象、神话学和梦境分析。1961年，荣格在瑞士因心脏病逝世，享年85岁。然而，他的学术遗产并未随着他的离世而消散，荣格的思想持续着对心理学、文学、艺术等领域的深远影响，职业分析心理学家逐渐成为国际心理分析领域的主要力量。他的著作被广泛翻译，并在全球范围内引起了学术界的高度关注，他的成就不仅在学术界产生深远影响，也为后来的心理学研究开辟了新的方向。

荣格身边一直聚集着忠实的学生和追随者，他们对荣格分析心理学的发展作出了重要的贡献，这些后继者在后期持续推动了荣格学派的发展。他们通过深化对集体无意识和原型的研究，进一步丰富了荣格心理学的理论体系，为荣格心理学在学术领域的传承提供了坚实基础。在托马斯·科茨的经典著作《荣格心理分析师》一书中对此做了翔实而充分的介绍。当下荣格分析心理的爱好者与学习者逐年增加，在本书中有必要将分析心理学发展过程中的重要人物予以介绍，具体介绍如下。

艾玛·荣格（Emma Jung，1882—1955），她是荣格的妻子，也是荣格最忠实的助手。她与荣格相伴52年，1955年由于癌症去世。1910年，荣格曾在研究字词联想测验的时候，帮助她做了几个月的心理分析与字词联想测验。这个过程被一部讲述荣格的电影《危险方法》真实地记录了下来。后来艾玛接受过弗洛伊德短时间的个人精神分析，弗洛伊德与荣格之间对一些心理学理念认识冲突的加剧后，艾玛曾利用她的特殊关系试图从中协调，但始终没有成功。1916年，分析心理学俱乐部成立，艾玛·荣格被选为第一任主席，并且也是荣格之外最早的荣格心理分析家。许多接受

第一章 命名与启蒙：荣格心理学的起源与背景

荣格心理分析的人，都接受过艾玛的分析，接受过她分析的人都十分尊重其的专业素养。艾玛撰写了《阿尼玛与阿尼姆斯》一书，1941年出版，这是能够简明阐述有关阿尼玛和阿尼姆斯原型意象的专著之一。艾玛的去世对荣格影响非常大，好长一段时间荣格都无法恢复一个稳定的精神状态。荣格从小就对石头非常痴迷，在几乎精神崩溃的状态下，石头可以很好地疗愈他，由此，荣格在一块纪念艾玛的石头上，用中文刻了几个字——"你是我房屋的基石"。

托尼·沃尔夫（Toni Wolff，1888—1953）也是对荣格影响很大的女人。她出生于苏黎世的一个名门贵族家庭，由于其父亲多年在外做生意，所以深受东方思想的影响，托尼与他父亲的关系非常好，1910年父亲的去世让她深受打击，并患上抑郁症，之后被送到荣格所在的医院接受抑郁症治疗。1911年，她曾随荣格参加国际精神分析大会。之后，托尼成了荣格工作上的助手，也是第一代荣格心理分析家之一。如果说荣格的心理分析主要处理的是人格类型层面的心理问题，而托尼则更接近病人的实际心理困惑。托尼在1928—1945年间接任分析心理学俱乐部主席，1948—1952年仍然是该俱乐部的名誉主席。托尼的代表著作是《女性心灵的结构形式》，1951年用德文出版。荣格为了纪念托尼，同样用中文在石碑上刻下了中国的词语——"托尼，莲花，修女，神秘"。

卡尔·阿尔弗雷德·梅尔（Carl Alfred Meier，1905—1995），他在分析心理学的发展中具有十分重要的地位，多年来被荣格视为分析心理学的继承者。1928年前后他接受了荣格的心理分析，他的心理分析治疗门诊在1930年左右开业，他一直在门诊工作到1995年离世。梅尔是荣格心理学会的第一任主席，在分析心理学俱乐部担任过5年的主席职务。在1961年荣格去世的时候，梅尔接受了许多荣格的来访者，成为分析心理学发展中的主力。他在1935年完成的关于分析心理学与量子力学的论文，曾经引起学术领域内的普遍关注。梅尔是诺贝尔物理学奖得主沃尔夫冈·泡利（Wolfgang Pauli）的朋友，1994年曾编辑出版了泡利与荣格之间的通信——《原子与原型》。该著作的英译本2001年由普林斯顿大学出版社出版。著名荣格心理分析家扎布里斯基（Beverley Zabriskie）为此撰写了长篇序言，引起了人们对心理分析与当代物理学的重新关注。梅尔曾有多部重要的分析心理学著作出版，这几部专著都是国际上几所主要的荣格心理分析研究院规定的参考书，比如：《荣格分析心理学与宗教》（1977）、《梦的意义与作用》（1987）、《意识研究》（1988）等。

玛丽-路易丝·冯·弗朗兹（Marie-Louise von Franz, 1915—1998）18岁时遇到荣格，她帮助荣格翻译有关炼金术的拉丁文和希腊文资料，她接受荣格的分析之后成为荣格分析心理学的忠实学习者，也是荣格去世之后传播荣格思想的主要发言人。1943年，冯·弗朗兹获得古典哲学的博士学位。她是神话与童话研究的专家，尤其是关于童话心理分析方面的专家，她的许多著作，如《荣格：我们时代的神话》（1972）、《心灵与物质》（1988）、《心理治疗》（1993）、《梦的研究》（1998），和有关童话心理分析的系列专著，如《童话导论》（1970）等，都是学习荣格心理分析及其训练的必读著作。1980年前后，由于不满非荣格学派的思想对苏黎世荣格研究院的影响，冯·弗朗兹脱离该研究院，成立了卡尔·荣格心理学研究中心。

安妮拉·亚菲（Aniela Jaffe, 1903—1991）是荣格多年的秘书，荣格传记《回忆·梦·思考》的合作者。关于荣格自传的这部名著，实际上荣格只是撰写了前三章，其余的章节基本上是亚菲根据荣格的口述与谈话整理而成的。除了与荣格合作的《回忆·梦·思考》，她还参与了《人及其象征》的编写，那是荣格最后完成的著述。亚菲还用德文编辑了三卷荣格的书信，后又与格哈特·阿德勒（Gerhard Adler）一起用英文编辑了两卷荣格书信出版。在亚菲自己的几部专著中，《意义的神话》（1970）最为出色。1979年，她编辑出版了图文并茂的《卡尔·荣格：世界与意象》一书，首次使用了一些来自荣格《红书》中的图片和注释，引起了极为广泛的关注。

除了以上几位重要的荣格追随者之外，乔兰德·雅各比（Jolande Jacobi）、格哈特·阿德勒等，都是荣格分析心理学早年的追随者。还有一些荣格的学生与来访者跟随荣格学习，获得了荣格心理分析师的资格，并将荣格的分析心理学传播到了世界各地。

（三）分析心理学的传播

荣格分析心理学以瑞士苏黎世为基地，很快就在欧美的心理学领域传播开来。荣格在美国的影响，从他与弗洛伊德一起受霍尔的邀请参加克拉克大学的访问讲演之后便已经开始。其后，荣格又多次访问美国，接收了许多来自美国的学生与来访者。他们在完成自己的心理分析之后，便回到自己所在的国家推广与发展分析心理学。

伊丝特·哈丁（Esther Harding）在完成其与荣格的心理分析之后定居美国纽约，1933年她写作出版的《所有女人的道路》一书，引起了许多人对分析心理学的兴趣。在其带领与推动之下，1936年分析心理学俱乐部在纽约建立。1960—1963年，哈丁有力地促成了纽约荣格学院和纽约荣格基金会的建立。

1939年，接受荣格心理分析的约瑟夫·惠尔赖特（Joseph Wheelwirght）和其夫人简·惠尔赖特（Jane Wheelwright）从瑞士回到美国旧金山，建立了旧金山分析心理学俱乐部。不久，他们与乔·亨德森一起，创建了分析心理学医学会（1943），开展了有关分析心理学理论与临床实践的讲座和培训，并于1963年建立了旧金山荣格学院。

詹姆斯·基尔施（James Kirsch）和希尔德·基尔施（Hilde Kirsch）夫妇，在瑞士接受荣格的心理分析之后返回德国，参与建立了德国的分析心理学学会（1933）。他们由于德国二战期间对犹太人的迫害而移民英国和美国，1967年与马克斯·策勒（Max Zeller）和洛尔·策勒（Lore Zeller）一起，建立了美国洛杉矶荣格学院。

古斯塔夫·里夏德·海尔（Gustav Richard Heyer）与其夫人卢齐

厄·格罗特（Lucie Grote）在1920年前后接受过荣格的心理分析之后，一度成为德国最有影响的荣格心理分析家。

汉内斯·迪克曼（Hannes Dieckmann）曾担任国际分析心理学会的主席，是德国波林荣格学院的主要建立者，并且出版了许多重要的分析心理学著作。

彼得·贝恩斯（Peter Baynes）是荣格分析心理学在英国的第一位代言人，他的主要贡献是把许多荣格重要的著作从德文翻译成了英文，如《人格类型》《分析心理学的贡献》《分析心理学两论》等。他的妻子卡利·贝恩斯还把维尔海姆翻译的《易经》从德文翻译成了英文，荣格还为此撰写了长篇的序言。彼得·贝恩斯于1943年去世。在他之后，英国的主要分析心理学代表是格哈特·阿德勒和迈克尔·福德姆（Michael Fordham），他们都是接受过荣格分析的第一代荣格心理分析家。阿德勒曾担任国际分析心理学会主席，福德姆则建立了荣格分析心理学的发展学派，对分析心理学的发展作出了重要的贡献。

埃里希·诺伊曼（Erich Neumann）在1933年前后接受荣格的心理分析。他的妻子尤莉亚·诺伊曼（Julia Neumann）同时接受托尼·沃尔夫的分析。在众多才华横溢的荣格学生中，埃里希·诺伊曼依然显得十分耀眼。他所写的《大母神》《意识的起源》等书，都是分析心理学乃至整个心理学与哲学领域的经典名著。埃里希·诺伊曼把荣格分析心理学传播到了巴勒斯坦和耶路撒冷。

在分析心理学的传播历史过程中，爱诺思基金会（Eranos）有着特殊的贡献。它的创始人是奥尔加·弗罗贝-卡普泰因夫人（Olga Froebe-Kapteyn）。她对《易经》、东方文化以及荣格分析心理学都有着浓厚的兴趣。她利用自己在瑞士阿斯科纳马乔列湖畔的几栋别墅，邀请学者每年聚会于此，围坐在一个很大的圆桌做文化研讨与精神聚会，主题多是有关东方与西方的哲学、宗教和心理学。从1933年第一次爱诺思圆桌研讨会至今，除了1989年空缺之外，每年一度的聚会早已成为世界文化史上的重要事件。而荣格本人，在1933—1951年，基本上每年都参加爱诺思圆桌会议。他许多重要的分析心理学理论和思想，都是在爱诺思圆桌会议的讲演中提出的。会议的参与者，除了荣格的学生与追随者之外，还有鲁道夫·奥图（Rudolf Otto）、马丁·布伯（Martin Buber）、约瑟夫·坎布尔（Joseph Campbell）等国际著名学者，他们都在荣格分析心理学的传播中发挥了十分重要的作用。

在荣格的建议与鼓励下，奥尔加·弗罗贝–卡普泰因夫人利用她的资源建立了最初的"原型象征图片档案"，这也是目前荣格分析心理学中最有特色的学术研究原型象征意象档案馆的基础。国际上几所大的荣格研究院都拥有这种档案馆，数万幅源自不同文化和历史背景的原型象征图片，配合着荣格心理分析家的专业解析，在荣格分析心理学的学习与临床心理治疗训练中发挥着十分重要的作用。

爱诺思圆桌会议对于荣格分析心理学发展的另外一个重要影响，是波林根基金会的建立。出身银行巨子家庭的保罗·梅隆（Paul Mellon）和妻子玛丽·梅隆（Mary Mellon）在爱诺思的圆桌会议上结识了荣格，并且随后接受了荣格一段时间的心理分析。受奥尔加·弗罗贝–卡普泰因的爱诺思基金会的启发，他们筹建了波林根基金会，并且资助出版了《荣格全集》的英文版。可以说80%以上的荣格学者，甚至是90%以上的荣格读者，都是从这套英文版的《荣格全集》中了解荣格的。

（四）国际分析心理学会

国际分析心理学会成立于1955年，这样一个学术组织的成立在心理分析师资格的认证与授权方面起到了十分积极的作用。在此之前，荣格心理分析师基本上是依靠荣格本人的信件和训练作为资格证明的，国际分析心理学会成立之后，就有了专业组织的审核与授权。国际分析心理学会成立之后，便规定了相应的考核制度，凡是申请成为荣格心理分析师的候选人，必须完成300个小时以上的个人心理分析、150个小时以上的专业实习督导，以及理论学习、个案分析和团体督导的相应小时数，必须有心理学专业或相关学科的硕士文凭等，这些具体的考核要求对于分析心理学的职业化发展起到了十分重要的作用。

1958年，第一届国际分析心理学会在瑞士苏黎世召开，大会论文由格哈特·阿德勒以《分析心理学的发展趋势》为题目编辑出版。美国《时代》周刊为此发表了评论文章（1958年8月），并且刊登了荣格的封面照片。罗伯特·穆迪（Robert Moody）担任了第一届国际分析心理学会主席。4年后，第二届国际分析心理学大会仍然在瑞士召开，会议主题被确定为"原型"。弗朗兹·里克林（Franz Riklin）继穆迪之后成为主席。在这次第二届国际分析心理学大会之后，确定了每3年举行一次国际分析心理学大会的制度，一直延续至今。每次大会之后都有论文集出版，成为分析心理学发展中的重要文献。

约瑟夫·惠尔赖特继弗朗兹·里克林之后成为国际分析心理学会主席。在他之后，担任国际分析心理学会主席的依次有格哈特·阿德勒（英国）、阿道夫·古根比尔（Adolf Guggenbuhl-Craig，瑞士）、汉内斯·迪克曼（Hannes Dieckmann，德国）、托马斯·科茨（美国）、维雷娜·卡斯特（Verena Kast，瑞士）、路易吉·佐嘉（Luigi Zoja，意大利）、默里·斯丹（美国）。国际分析心理学会用六种语言（英语、德语、法语、意大利语、葡萄牙语和西班牙语），开设了自己的专业网站（www.iaap.org），并且在2019年，网站可以进行国际性的网络学习和专业训练，试图借助当今科学技术的发展，更好地发挥国际分析心理学会的作用。

（五）分析心理学在中国命名与启蒙的重要性

不同的命名，可能会导致完全不同的理解、完全不同的结果。弗洛伊德精神分析理论早期传入中国，主要是由高觉敷教授予以命名的。这包括他对弗洛伊德《精神分析五讲》《精神分析引论》和《精神分析引论新编》的翻译，对包括"精神分析"（psychoanalysis）等诸多精神分析术语

第一章 命名与启蒙：荣格心理学的起源与背景

的命名，甚至"弗洛伊德"（Freud）的中文名称的最终确定。

托马斯·科茨在其《荣格心理分析师》一书中介绍分析心理学在当代世界上的发展时，专门为"分析心理学与中国"撰写了一节，称"在所有的亚洲国家中，荣格对中国的心理学、哲学和宗教最感兴趣。"并且充满自信地指出："荣格深受古老中国智慧的启发，分析心理学与中国文化之间存在着历久弥新的深切联系。"[①]20世纪，荣格分析心理学与中国古老的智慧在西方不期而遇，缘于卫礼贤带给荣格探索灵魂的东方密钥——《太乙金华宗旨》，最早开启了东西方心灵深处的交流与融合。

我们在不断进化的过程中，心灵也在不断地成长。以中国文化为基础的心理分析，致力于心灵真实性的追求与实践，致力于探索与呈现心灵所能达到的境界。今天，在精神分析和荣格分析心理学的发展背景下，心理分析在中国蓬勃发展。

心理分析涵盖精神分析与分析心理学（psychoanalysis and analytical psychology），是人类自性的一面镜子，涵盖着远古的梦想与深远的无意识。心理分析是一门学科，也是近百年来最具影响力的心理学科。心理分析亦是一种实践，是一种医心育人、积极创造、自我心性发展的道德实践；心理分析也是一种人生的追求，是一种心灵的境界，其中包含着自性化体验与天人合一的理想深意，其意义和价值也都包含在对这个理想的努力与追求中。于是，其过去、现在和未来，都需要用心去理解和领会。

高觉敷教授在20世纪30年代翻译介绍弗洛伊德及其精神分析的时候，便注意到了荣格及其分析心理学的发展。1918年，高觉敷教授被选入香港大学文学院教育系学习，与心理学结下了不解之缘，1923年他开始在国内进行心理学教育工作。1979年，他接受教育部委托，编写了中国第一部《西方近代心理学史》，搭建了西方心理学与中国文化发展的历史桥

[①] Kirsch T. The Jungians, A Comparative and Historical Perspective [M]. London: Routledge, 2000: 220–221.

梁。1980年，中国正值改革开放初期，弗洛伊德及其精神分析理论，从其"无意识水平"逐渐进入我们的意识和生活。弗洛伊德精神分析的发展为中国心理学发展提供了必要的条件，十一届三中全会为心理学在中国的发展创造了前所未有的良机，并在1982年成立了南京师范学院（今南京师范大学）心理学史研究室。1984年，高觉敷教授受商务印书馆之约，重新校对出版了弗洛伊德的《精神分析引论》，曾有法新社记者写下了这样的话语："高觉敷重新校对出版弗洛伊德的《精神分析引论》，则是中国真正开放的信号。"

《易经》为中国文化的众经之首，也是大道之源。根据"《易》无思也，无为也，寂然不动，感而遂通天下之故。非天下之至神，其孰能于此。"的启示，分析心理学在中国的发展以"感应"为原则。从《周易》下经的咸卦开始，其内容尽显"感应"之深意。[①]自19世纪20年代以来，心理分析在中国文化背景的土壤上逐渐孕育，这种历史的传入和整合是"中国心灵"的接受和文化无意识的选择。时至今日，心理分析在中国文化背景下蓬勃发展，呈现出其治疗、治愈与转化的意义。

1994年，国际分析心理学会首次访问中国，并于1998年在广州召开第一届心理分析与中国文化国际论坛。在第一届国际论坛上，各位心理分析专家与学者共同探讨《易经》，得到了咸卦的启示。泽山咸卦中所描述的"咸，感也。……天地感而万物化生，圣人感人心而天下和平，观其所感，而天地万之情可见矣。"[②]其意象的象征意义给予了荣格分析心理学在中国发展的重要启示，并由此叩开了分析心理学在中国的大门，架起了中国古老文明与现代西方文明之间的文化交流平台。这是中国人集体无意识的选择，是个体与无意识的融合与相知，更是心理分析之思与心的相遇。

① 申荷永. 心理分析：理解与体验[M]. 北京：生活·读书·新知三联书店，2004：89-90.

② James L. Book of Changes[M]. Changsha: Hunan Publication, 1992: 138-141.

第一章 命名与启蒙：荣格心理学的起源与背景

《周易·序卦传》曰："有天地，然后有万物；有万物，然后有男女；有男女，然后有夫妇；有夫妇，然后有父子；有父子，然后有君臣；有君臣，然后有上下；有上下，然后礼义有所错。"[①]天地，万物之本；夫妇，人伦之始。所以上经首"乾""坤"，下经首"咸""恒"也。天地二物，故二卦分为天地之道。咸，感也，以说为主。恒，常也，以正为本。而说之道自有正也，正之道自有说焉。"咸"之为卦，兑上艮下，少女少男也。男女相感之深，莫如少者，故二少为"咸"也。[②]由此，在中国广州举办第一届心理分析与中国文化国际论坛包含了心理分析在中国的命名与启动的深意。

"咸，感也。柔上而刚下，二气感应以相与。天地感而万物化生，圣人感人心而天下和平，观其所感，则天地万物之情可见。"[③]真正的会议可以开启具有无限意义的相互交流与理解的体验，真正的会议应该能够超越其表面形式，在人们的交流与理解中产生真正的意义。由此，中国心理分析发展与历史举办了之后的十届心理分析与中国文化国际论坛，便是分析心理学在中国发展的脉络和足迹。心理分析的产生与心理学在中国的发展密切相关，在心理学发展的时代背景下，孕育了"心理分析与中国文化"的研究方向。心理学在中国的发展离不开一位跨越了两个世纪，饱经沧桑的学者，就是久负盛名的心理学史专家，被学者们称为心理学史研究领域的"一代宗师"——高觉敷教授。

1918年高觉敷教授以优异的成绩被选入香港大学深造，进入教育系，从此与心理学结下了不解之缘。1923年，高觉敷教授从香港大学毕业，开始从事心理学的教学工作。高觉敷教授对工作兢兢业业，留下了精辟论著和多篇论文，科研成果非常丰富，为社会留下了巨大的财富。

---

① 李光地. 康熙御纂周易折中[M]. 成都：巴蜀书社，2014：236-237.
② 李光地. 康熙御纂周易折中[M]. 成都：巴蜀书社，2014：269.
③ 同①.

高觉敷教授一生的著作和研究历程，就是心理学在中国发展过程的缩影。根据高老八十大寿的影像数据整理，其编写和翻译的著作包括：1920年出版的《目的心理学》，1923年出版的《新心理学与教育》，1924年出版的《心理学的对象与方法》，1925年出版的《儿童的情绪及其教育》《所谓意志动作的分析》《用脑工作的持久力成功及速率之关系》《心之分析的起源与发展》，1926年出版的《现代教育思潮》《对于介绍心理学书籍的建议》《青年心理学与教育》《心理测量之改良》《学习与社会》《社会心理学概说（上、中、下）》《才能与儿童心理学》《完形派心理学与行为主义》，1927年出版的《宗教家与精神病者》《心理学之无政府时代》《近时对于情绪变迁实验的研究》《心之发展》，1928年出版的《谈谈弗洛伊德》《以行为主义的观点讲梦》《心理学的主观与客观》，1929年出版的《教育心理学史略》《什么是行为的控制者》《基思塔说的儿童心理学》《现代德国自然科学的心理学》《现代德国文化科学的心理学》《苏俄的心理学》，1930年出版的《心理学概论》《教育大辞书》《心理学现状》《行为主义》《完形派心理》《弗洛伊德的心理学》《基思塔心理学》《心理学与自然科学》及译扬琴巴尔的《社会心理学》，1931年发表的《教育心理学大意》《弗洛伊德及其精神的批判》《苛勒完形心理学》《行为"合理化"》《"我"之发现》，1932年出版的《弗洛伊德说与性教育》，1933年出版的《心理学名人传》《儿童的会话》《儿童的发问》《儿童的绝对论》《儿童对语言的了解》《儿童灵活论》《儿童语法中之并列作用》《儿童的实在论》，以及译弗洛伊德的《精神分析引论》、译考夫卡的《儿童心理学新论》，1934年出版的《群众心理学》《新行为主义》《主观的原子心理学》《类型心理学与差异心理学》和译华生的《情绪的实验研究》，1935年出版的《现代心理学》及翻译《弗洛伊德精神分析引论新编》，1936年出版的《格式塔学派的教育心理学》《关于标准行为的一个实验的研究》《人类的本性与儿童教育》，1937年出版的《方位几何学的心理学》《心理学的向量》，1938年出版的《心理

第一章 命名与启蒙：荣格心理学的起源与背景

学家的动员》《对于人类声音的认识的可靠度》《听觉敏锐度与音乐的才能》《音乐与图画的才能与变态心理》《关于预言家之实验的研究》，1939年出版的《迟钝儿童智慧改变的研究》《高级小学生认识字义的研究》《球场测验与神经病的诊断》《紧张的系统与回忆》，1940年出版的《悼墨独孤》，1941年出版的《内容心理学与行动心理学》，1942年出版的《勒温的心理学》《社会态度及其测量》，1943年出版的《月亮的错觉》，1944年出版的《实业心理与人事心理》《真我与社会我》《大脑机能的分工》《神经的特殊势力说》及译勒温的《形势心理学原理》，1945年出版的《关于人格之特殊习惯说与共同元素》《欲求的水平》《猩猩的智力》，1946年出版的《教育心理学》《社会性的统一》，1947年出版的《一个重要的心理实验技术——阻止实验》《阻遇与攻击说述评》《勒温关于低能儿心理的研究》，1951年翻译伦敦的《苏联心理学简史》，1953年出版的《关于主观能动性问题》《什么是个性》，1955年出版的《批判反动的与反科学的实用主义心理学》，1956年出版的《关于"百家争鸣"的方针》，1957年出版的《是心理学争鸣的时候了》，1962年出版的《王夫之论人性》，1964年出版的《心理学与无神论》，1979年出版的《心理学的历史经验与教训》，1980年出版的《我的五十多年的心理学工作回忆》《为什么要学习西方近代心理学史？》，1981年出版的《心理学的哲学问题与神经生理学的研究》，1982年出版的《西方近代心理学史》《心理学的心理学与心理学的社会学》，1983年出版的《中国古代心理学思想研究》《评西方心理学史的时代精神说》《组织起来、挖掘我国古代心理学思想的宝藏》《我在商务印书馆服务六年的回忆，高觉敷自传》，1984年出版的《弗洛伊德与他的精神分析》《编写中国心理学史应如何贯彻辩证唯物主义、历史唯物主义》及重译弗洛伊德的《精神分析引论》，1985年出版的《中国心理学史的对象和范畴》《心理学史》，1986年出版重译弗洛伊德《精神分析引论新编》《中国心理学史》《西方心理学的新发展》《高觉敷心理学论文选》。这些心理学的经典之作奠定了心理学在中

-19-

国近代发展的理论基础。

1979年，高觉敷教授受教育部委托，编写中国第一部《西方近代心理学史》，搭建了西方心理学与中国文化发展的历史桥梁。20世纪80年代的中国，改革开放拉开序幕。经济的繁荣和思想的进步，让精神分析再度进入中国学者的视野，逐渐进入中国人的生活。

1. 精神分析在中国的发展

一门学科的"命名"至关重要，包含着"唤醒"和"启蒙"（initiating）。在中国文化中，命名与大禹的文化原型有着密切的关系。大禹用"疏川导滞"的原则治水，顺水之道，以水为师，因势利导，故能使百川顺流，各归其所，其中也包含对于我们心理分析的启迪，如图1-1所示。同时，大禹铸九鼎，命名山川百物，唤醒与启动了一种特殊的文化心性及其意义。

图1-1 大禹治水

"命"者，使也；从口从令；命也被注解为天之令也。"名"者，自命也；（夕）冥不相见，故以口自名；同时，名者，明也；明实事使分明

第一章 命名与启蒙：荣格心理学的起源与背景

也。老子曰："无名万物之始；有名万物之母。"《论语》中曾记载孔子论名："名不正则言不顺，言不顺则事不成；事不成则礼乐不兴，礼乐不兴则赏罚不中；赏罚不中则民无所措手足。"其中都蕴含着命名的深层意义。

在当时，不仅是具有心理学背景的学者关注弗洛伊德精神分析，其他文学家，如郭沫若、郁达夫和鲁迅等，也都先后翻译了弗洛伊德思想，并将精神分析运用于文学创作。若是说当时的中国思想深受弗洛伊德精神分析的影响，倒不如说精神分析满足了中国文化心灵的某种需求。这在郭沫若的《残春》、郁达夫的《沉沦》、曹禺的《雷雨》、施蛰存的《将军底头》、鲁迅的《狂人日记》和《阿Q正传》中均可得到反映。动荡的中国在其现代化的脚步中行走，弗洛伊德和其精神分析通过文学、艺术作品悄然进入了中国。于是，精神分析与中国文学艺术相得益彰，在这种意义上，高觉敷、潘光旦、章士钊和朱光潜也都是文学家，郁达夫、曹禺、施蛰存和鲁迅也都是心理学家，受弗洛伊德精神分析影响的心理学家。

1987年，中国心理学会在苏州召开会议，主题是对弗洛伊德和精神分析的讨论。也就是在这次的会议之中，师从高觉敷教授，后来作为国内首位荣格心理分析师和沙盘游戏治疗师的申荷永阐述了自己对弗洛伊德精神分析的独到见解。在高觉敷教授的众多学生中，叶浩生传承了心理学史的专业研究，他于1991年在高觉敷教授的指导下获博士学位，之后曾多次出国进修。叶浩生1995年1月—1996年7月在美国北爱荷华大学心理学系师从美国著名心理学家阿尔伯特·吉尔根教授，2001年6月—12月在加拿大卡尔加里大学心理学系理论心理学研究中心从事高级访问研究，2006年在加拿大麦克马斯特大学担任高级研究者。

可以说，弗洛伊德精神分析的发展也为心理分析在中国的发展提供了必要的条件。党的十一届三中全会为心理学在中国的发展创造了前所未有的良机。

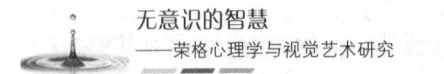

2. 心理分析在中国的命名

如果说，精神分析是伴随着中国心灵的需要而出现，那么心理分析则是伴随着中国文化心理学的发展应运而生。"心理分析"的产生与申荷永教授密不可分。申荷永教授的学术生涯是从跟随高觉敷老师，从事对弗洛伊德精神分析研究开始的。他1984—1990年跟随高觉敷老师做硕士、博士；1989年博士毕业后，他做高觉敷老师的学术助手；1993年，作为高级访问学者去到美国，他接触了默里·斯丹（Murray Stein）和托马斯·科茨（Thomas Kirsch）。在《洗心岛之梦》这本书中，申荷永教授对自己在南伊利诺的森林中做的几个月的自我分析进行过详细描述。在1993年，他到洛杉矶荣格学院进行访学，遇到了"头与心"的梦："头"为西方的认知心理学，"心"为我们的心理分析与中国文化，这个梦亦是申荷永教授心中的心理分析发展之梦。《洗心岛之梦——自性化与感应心法》体现了心理分析过程中真实的自性化体验，反映了心理分析与中国文化之体系的建构、文化心灵及其意义的体现以及感应心法的形成，并呈现了心理学和心理分析的真实意义。

1984年，高觉敷老师受商务印书馆之约，重译了弗洛伊德的《精神分析引论》。1987年，中国心理学会在苏州召开会议，主题是对精神分析的讨论或者说批判。但作为中国理论心理学领军人物的高觉敷老师，在当天大会开幕式的发言中，留下了这样一段话语："为了准备今天的发言，昨晚失眠了。为什么失眠呢，是因为思想的斗争：今天是要说真话，还是说假话、大话或空话。"高觉敷老师接着说，"不管怎样，今天是要讲真话。"他希望大家从真正学术的角度，呈现自己内心深处对于精神分析的见解。

尽管有高觉敷的这番发言，但在当时的讨论会上，批判精神分析的声音仍然占据上风。会议主持人王丕先生点名让申荷永教授发言，说年轻人应该有不同的理解和声音。于是，针对前面两个观点：其一是说弗洛伊

第一章 命名与启蒙：荣格心理学的起源与背景

德为希特勒发动战争制造理论借口（基于死本能理论），其二是说精神分析反理性反科学。申荷永教授直接表明了自己的看法。良知与希特勒的邪恶水火不容，弗洛伊德从精神分析及人性的角度来分析战争背后的心理因素，正如他在《为什么会有战争》一文中表明的，那是基于学者的良知，是为了遏制破坏力量的发展；尽管弗洛伊德的研究更集中于无意识或潜意识心理学内容，但说弗洛伊德反理性着实不公平，正如《精神分析引论中》所说："哪里有伊底哪里就有自我；用意识来整合无意识，一向是精神分析的基本原则。"

在这之后，申荷永教授经过10多年在瑞士苏黎世荣格学院和美国旧金山荣格学院的训练，于2003年成为中国首位荣格心理分析师。2007年，申荷永教授首次在华南师范大学、复旦大学教授一门课程，取名为"心理分析：精神分析与分析心理学"。至此，心理分析走入了中国人的生活视野，心理分析涵盖精神分析和分析心理学，承载着当今中国社会飞速发展带来的意识与无意识的激烈冲突，而治愈与转化也正蕴含其中。

申荷永教授以"神农尝百草"的中国文化原型来解读：精神分析在古老的中国文化土壤上，能否得到驯化与滋养。例如国人内在的文化无意识冲突如何得到驯化，又如何在中国文化的影响下得到滋养和发展。

《说文解字》："（炎帝）神农居姜水，以为姓。从女羊声。"炎帝神农（图1-2）不仅开农耕畜牧之先河，而且和药济人，以疗民疾，又为医药始祖。《易经·系辞》中记载："神农氏作，斫木为耜，揉木为耒，耒耜之利，以教天下。"《太平御览》引《周书》曰："神农耕而作陶。"《史记·补三皇本纪》中记载："神农氏以赭鞭鞭草木，始尝百草，始有医药。"《淮南子·修务训》："神农乃始教民，尝百草之滋味，当时一日而遇七十毒，由此医方兴焉。"于是，在炎帝神农之文化原型意象中，包含着"培育""陶冶""牧养""驯化"，以及"疗愈"和"滋养"，均可融合为心理分析与中国文化的理论体系，转化为治愈与发展的方法和技术。宋代廓庵禅师以《十牛图颂》相传，凸显"牧牛"之主题。牧牛犹如牧心，犹如心理分析之自性化过程，演绎了如何找回久已迷失的自我本性，以及其中所包含的心理治疗和心性的拯救。在《廓庵和尚十牛图颂并序》中，我们可以看到这样的阐释："……间有清居禅师观众生之根器，应病施方，作牧牛以为图，随机设教。"[①]自此，心理分析的理论体系逐渐成熟。

图1-2 神农像

美籍华裔学者刘耀中从20世纪70年代开始研究荣格，1980年前后陆续发表有关荣格的研究论文，并曾出版《荣格、弗洛伊德与艺术》（北京宝文堂书店，1987）和《荣格》（台湾东大图书公司，1995）。冯川、苏克曾在1987年翻译出版荣格的《心理学与文学》（生活·读书·新知三联书店）、《荣格心理学入门》（生活·读书·新知三联书店），以及荣格的《寻求灵魂的现代人》（贵州人民出版社）。在那之后，冯川更有《神话人格：荣格》（长江文艺出版社，1996）、《荣格文集》（改革出版社，1997）等专著和译著出版。文楚安1997年翻译的《荣格：人与神话》（新华出版社）也甚具影响。此外，张丹1987年翻译了《荣格心理学纲要》（黄河文艺出版社），刘韵涵1988年翻译了《荣格心理学导论》（辽宁人民出版社），史济才等在1988年翻译出版了荣格的《人及其

---

① Shen H Y. Psychology of the Heart, Oriental Perspective of Modernitie of East and West [J]. Eranos Years Book, 2010: 78–82.

象征》（河北人民出版社），刘国彬和杨德友在1988年翻译出版了荣格的《回忆·梦·思考》（辽宁人民出版社），成穷和王作虹在1991年翻译出版了荣格的《分析心理学的理论与实践》（生活·读书·新知三联书店），许多中国读者正是通过这些译著来了解荣格及其分析心理学。

在后来的理论发展过程中，精神分析在中国的发展逐渐被中国学术领域所熟知、接纳、发展并应用，心理分析的发展与中国人的文化无意识相互碰撞与交流。中国当下青少年心理健康问题频发，心理健康教育与咨询备受广大人民所关注，精神分析和分析心理学在临床心理治疗中承担了重要的角色和责任。

3. 中国人对集体无意识的理解与接纳

中国以及中国文化，一直处于发展与变化之中。当代中国，在追求和谐的同时，各种心理健康以及社会心理问题不断增加，其背后必然有着更为深刻的心理因素，乃至无意识与意识冲突的根源。

从心理动力学的角度来看，无意识与意识之间的冲突可能源于个体心理结构的复杂性。弗洛伊德的心理动力学理论指出，无意识是深层心灵的一部分，包含着对禁忌、欲望以及潜在冲突的未经处理的信息。而社会冲突的增加可能反映了个体在无意识层面上对社会规范、权威和道德准则的反叛，这些反叛可能受到意识层面对现代化和全球化引起的价值观变革的深刻影响。

在信息时代，个体接收大量碎片化信息，这可能引发认知不一致和信息过载的问题。这种认知不一致可能表现为个体在无意识层面上对社会矛盾的深层理解与评估，而信息过载可能导致焦虑和无力感的产生，最终在社会中显现为情绪激荡和冲突升级。此外，社会认知理论的观点提供了一种理解社会冲突的框架。个体通过社交媒体等平台感知社会的态度和观点，形成自己的社会认知。这种社会认知可能在无意识中引发一种集体认同的需求，而对社会中存在的不公平、不平等现象产生更为深刻的无意识反应，最终转化为社会心理问题的表现。

从文化无意识的观点出发，个体的文化认同在无意识中扮演着重要角色，而全球化和文化交融可能导致文化冲突的加剧。通过分析心理学与文化的融合，深入挖掘个体在无意识中对文化认同、传统观念以及文化之间关系的复杂反应，这些反应最终在社会层面上显现为文化差异引发的冲突。

正所谓没有苦难，就没有救赎。苦难也为人类建立共情和社会联系提供了契机。在共同经历苦难的过程中，个体更容易理解他人的痛苦，形成共鸣。这种情感的共鸣和社会联系有助于构建支持体系，使个体在苦难中不再感到孤独，获得更多的理解和支持。苦难也常引导个体对生命的意义进行深刻的探索。在痛苦和困境中，人们往往思考生命的价值和目标。

2008年5月12日，四川省汶川县发生了里氏8.0级的地震，这一天是中国人受难的日子，更是中华大地上古老的一只血脉——羌族文化近乎遭到毁灭性打击的日子！申荷永带领的心灵花园救援团队第一时间赶赴四川地震灾区实施救援工作。也正是在汶川地震救援工作结束之后，分析心理学在生活中的真实意义才得以显现，才被世人所认同，即"不管是自性化还是积极想象，都必将在生活中实现，或者说终究要在生活中获得其真实的意义。"[1]

2010年，在北京召开的第三十届国际精神分析大会会议上，申荷永教授对心理分析在中国的发展提出了进一步的思考，即弗洛伊德与精神分析能够适合中国心灵的需要吗？或者说，精神分析与分析心理学能够从中国文化中获得滋养吗？精神分析与分析心理学能够在中国找到共同发展的道路吗？这一系列的思考和探索，都是心理分析在中国未来的发展道路上必将要面临的挑战和困难。针对这一系列问题，以及荣格分析心理学在中国

---

[1] Shen H Y. Psychology of the Heart, Oriental Perspective of Modernitie of East and West [J]. Eranos Years Book, 2010: 82.

第一章 命名与启蒙：荣格心理学的起源与背景

未来的发展方向，申荷永教授引用中国文化原型"伏羲"进行深层次的解读。伏羲女娲如图1-3所示。

图1-3 伏羲女娲图

《易经·系辞》云："古者包牺氏之王天下也，仰则观象于天，俯则观法于地，观鸟兽之文与地之宜，近取诸身，远取诸物，于是始作八卦，以通神明之德，以类万物之情。"伏羲一画开天，神道设教，其中已是蕴含"时机""趋时""变化"，以及"转化"与"超越"的智慧。《庄子·至乐篇》中有说："万物皆出于机，皆入于机。"而《易经》之精义也在于"极深而研几"。既彰显无意识心理学之深度意蕴，又为心理分析增添"时机"和"趋时"之要旨。

申荷永教授也从中国文化之"心理"与"理心"入手，来表达一种朴素的炼金术思想。《说文解字》中将"理"注解为"治玉也。从玉、里声。"已是包含了一种炼金术的意象。《说文解字》中称"玉"为石之美，赋予其"五德"："润泽以温，仁之方也；鳃理自外，可以知中，义之方也；其声舒扬，专以远闻，智之方也；不桡而折，勇之方也；锐廉而不技，洁之方也。"于是，"理"中含"玉"，也就包含了特有的玉之心性。从"玉璞"中发现与磨炼出玉之心性，便具有了心理分析之炼金术的寓意。于是，心理分析之"心之理"与"治玉"（谐音为"治愈"）有关，其中蕴含了"理心"之意境，实乃治愈的关键所在。这也正是心理分析之炼金术的意境，包含着心理分析之时机、治愈，以及超越与转化的意象，也正是《易经》之中国文化原型的体现。[①]

4. 分析心理学与中国文化

如果将精神分析心理学比喻为心理分析产生的"父亲"，那么中国传统文化便是孕育心理分析的"母亲"，分析心理学在中国文化的沃土上，渐渐生根、发芽并且日益丰满壮大。

荣格心理学提供了一种理解与整合人类心理与精神的理论与方法。通过文化以及个体的研究，人类的心理与精神得以展现。荣格学者们对于东西方神话、传说、民间故事和深奥的哲学研究，揭示了很多相似的原则。西方炼金术的转化过程以及东方的觉悟，也都表现着某种相同的存在。然而，中国的丰富的象征意义与理论，尚没有被充分地整合到荣格分析心理学体系之中。

三、荣格的学术研究与贡献

荣格不仅是一位杰出的心理学家，也是一位深具哲学思考力的思想家。他对个体心灵和集体无意识的独到见解，以及对原型的深刻理解，为心理学注入了新的思维方式。荣格的理论不仅拓宽了心理学的研究领域，同时也为人类对内在心灵深处奥秘的探索提供了新的视角。

（一）个体无意识的深刻理解

荣格对心理学做出的首要贡献之一是他对个体无意识的深刻理解。在20世纪初，心理学主要集中于可观察行为，而荣格突破了这一局限，提出了"个体无意识主要是由情结组成的"这一理念。他认为，每个个体内部都存在着一种普遍而独特的心灵层面，超越了单纯的个体经验。这个层面

[①] Shen H Y. Psychology of the Heart, Oriental Perspective of Modernitie of East and West [J]. Eranos Years Book, 2010: 81.

第一章　命名与启蒙：荣格心理学的起源与背景

包含了共享的象征、原型和文化影响，深刻影响了个体的行为和体验。荣格深入研究了梦境、幻觉以及与集体经验相关的现象，以揭示个体无意识在精神世界内部的运作机制。他的理论不仅为心理学的研究方法带来了革新，也为理解个体心灵内部复杂性提供了新的维度。

个人无意识有一种重要而有趣的特征，那就是一组一组的心理内容聚集在一起的时候，无意识中一定有成组的彼此联结的情感部分，或是思想，或是记忆，抑或是创伤，凡是接触到这一情结的情感、思想和记忆都会引起意识的延迟反应。

情结这个概念在荣格分析心理学的理论中具有十分重要的地位。1904—1911年，荣格通过其词语联想的研究，提出了他的关于情结的心理学理论。他发现其词语联想测验中的情结指标（complex-indicators），不仅仅提供了心理世界中无意识层面的直接证据，而且提供了有关无意识的潜在内容及其所具备的情感能量。弗洛伊德说，梦是通往潜意识的忠实道路，荣格则表示情结是通往无意识的忠实道路。在荣格正式定名"分析心理学"之前，曾用"情结心理学"来命名分析心理学这门新的建立在无意识基础上的学科。

在荣格看来，情结是一般是由于创伤造成的，但不是所有的情结都源自创伤，还有每一个人心灵深处那部分对自我意识造成干扰的无意识部分。它更像是一种心象与意念的集合，可以说，任何一种情结都根深蒂固地源于一种集体无意识原型的核心，并且具有某种特别的情绪基调。情结基本上是属于一种自主性或自治性的存在，它可以与我们的整体心理系统保持联系，但也会分裂、脱离，甚至独立。因此、情结的出现与消失有着它自身的规律，往往不受我们意识的支配，甚至能够支配我们的意识自我。情结在无意识中形成和积累，当它逐渐膨胀到一定程度的时候就有机会发作，表现为我们人格与自我的替代主角。一旦当情结被触发而产生其作用的时候，不管人们是否意识到，情结总能对人们的心理和行为产生极具感情强度的影响，甚至是主导性的作用，强烈的爱或恨，快乐或伤心，感激或愤怒等情绪，总是会伴随着情结的触及而发作。在这种意义上，情结类似于一种心理本能，这时候，我们往往已经不能再理智地表现本来的自己，而是触发后就完全按照它自身的固有规律来运转。于是，受某种情结所困的人，往往也就会表现出由情结所支配的心理与行为。

从临床的意义上来分析，情结多属于心灵分裂的产物，创伤性的经验、情感困扰或道德冲突等，都会导致某种情结的形成。于是，若是一个人认同自己的情结，那么往往也就会表现出某种特定的心理病症。弗洛伊德的俄狄浦斯情结（Oedipus complex）和阿德勒的自卑情结（inferiority complex）等，都是十分著名的例证。弗洛伊德在其著名的《日常生活心理病理学》中所描述的口误、笔误，忘记熟人的姓名等日常生活现象，都可看作是情结的表现与作用。但弗洛伊德开始所使用的术语是"思想圈"（circles of thought），1907年与荣格交流后改用"情结"，许多荣格学者还以此为例来论述荣格对弗洛伊德的影响。

荣格曾有这样一句名言：今天人们似乎都知道人是有情结的，但是很少有人知道，情结也会拥有我们。这一点具有十分重要的理论与临床意义。我们拥有情结是正常的，我们每个人都会有自己的情结，这就要求我们学会协调我们的情结。但是，当情结拥有我们的时候，就是心理病症的开始与表现。然而情结正如荣格在后续工作的实验中发现的那样，情结并不一定就成为人的调节机制障碍，事实恰恰相反，它们可能往往就是灵感和动力的源泉。所以在临床的心理分析过程中，并不是谈情结就色变的，而是应该抓住治愈的契机，好好地等待无意识馈赠的礼物，看见、理解和接纳，才有可能松动我们尘封已久的情结和创伤，进而有机会得以转化，将消极的情绪力量转化为积极的、有力量的内在精神部分。

就分析心理学而言，咨询与分析的目的不是要让病人消除或根除其情结，而是通过觉察和理解，理解情结在自己心理和行为中所起的作用、它的触发和表现来降低情结所带给心灵的消极影响。从理论上来说，只要我们不能察觉和认识我们的情结，我们就会在不同的程度上受情结的控制和摆布。而一旦当我们认识和理解了情结的存在及其意义，情结也就失去了影响与控制我们的能量。尽管它们不会消失，但逐渐地会减少其消极的影响。例如，被忽视的孩子总是要通过哭闹来吸引大人的关注，若是大人能够照顾好自己的孩子，那么他就会变得安静，不再需要通过大哭大闹的形式来表现他自己的存在。

最初，荣格在弗洛伊德精神分析的影响下，认为情结起源于原生家庭，尤其是童年经历的创伤性经验，但是随着他对文化、民族以及宗教及炼金术的相关理论实践研究，他意识到，情结必定起源于人性中某种比童年时期的经验更为深邃的部分，这种更为深邃的东西究竟是什么呢？基于这样的问题研究，荣格最终发现了情结根深蒂固地源于一种集体的原型，也就是人类精神世界中的另一个层次，荣格将其称为"集体无意识"。

（二）集体无意识与原型概念的提出

荣格的原型理论是他学术生涯中的一个重要贡献。他认为原型是存在于集体无意识中的普遍符号和形象，通过梦境、神话和艺术得以表达。这些原型超越了个体经验，是一种超越时空的普遍现象。荣格的原型理论深入挖掘了集体无意识的核心。他将原型视为一种普世的心灵结构，通过梦境、神话和艺术得以表达。通过对不同文化的原型研究，荣格揭示了人类心灵深层的普遍性，并提出原型是集体无意识中的基本构建内容。这一理论为心理学提供了一种更为整体和文化上的解释框架。

荣格分析心理学在20世纪的发展经历了多个阶段和转变，其核心概念包括集体无意识、原型、原型意象（archetypal images）、情结、人格类型、自性化过程等。在荣格的早期研究阶段，他主要关注个体的心理发展和自性化过程，随着时间的推移，荣格的研究逐渐转向集体无意识和原型的领域，他越来越关注社会和文化对个体的影响，以及人类与自然的关系，认为个体心灵中存在着与文化共通的无意识层面，并提出了集体无意识的概念。

无意识的智慧
——荣格心理学与视觉艺术研究

  集体无意识实际上是在弗洛伊德个体潜意识上的发展，也是荣格的一种创造，如果说个体无意识的主要内容是由各种情结构成的话，集体无意识的内容则主要是原型。[①]集体无意识是精神的一部分，它与个人无意识截然不同，因为集体无意识的存在不归结于个人的经验，是从来就没有出现在意识之中，从未为个人所获得的，它们完全来自于精神遗传。[②]构成个人无意识的主要是一些我们曾经意识到或者经历过，但以后由于遗忘或是压抑而从意识中消失的内容。荣格用集体无意识来表示人类心灵中所包含的共同的精神遗传，是指人类共同拥有的、代代相传的心理结构和原型，它们影响着个体的思维、情感和行为。人从一出生起，集体无意识的内容就给个人的行为提供了一整套预先形成的模式。随着个人的成长，这种心灵的虚像和与之相对应的客观事物融为一体，由此便会成为意识中实实在在的东西。[③]例如，如果集体无意识中存在母亲这一个心灵虚像，它就会随着婴儿的长大迅速地表现为婴儿对现实母亲的知觉和反应，这样，集体无意识的内容就决定了人知觉和行为的选择性。我们现实生活中之所以很容易地以某种方式知觉到某些东西并对之做出不同的反应，正是因为这些内容可能先天地存在于我们的集体无意识之中，这一理论为后来他对原型概念的发展奠定了基础。

  荣格的原型概念与其集体无意识概念的关系十分紧密，是分析心理学的核心概念之一，他的后半生几乎都投入到有关原型的研究和著述之中。荣格认为：集体无意识是通过某种形式的继承或进化而来的，是由原型这种先存的形式所构成的。原型是人类原始经验的集结，普遍地存在于我们每个人身上，并且可能在意识和无意识的精神层次上，影响着我们每个人

[①] 荣格. 荣格文集：第七卷［M］. 冯川, 译. 北京：改革出版社, 1997：83.
[②] 申荷永. 心理分析［M］. 北京：生活·读书·新知三联书店, 2004：127.
[③] 荣格. 荣格文集：情结与阴影［M］. 李北容, 吴于群, 杨丽筠, 译. 长春：长春出版社, 2014：188.

第一章 命名与启蒙：荣格心理学的起源与背景

的心理和行为方式。历史中所有重要的观念，无论是哲学领域还是科学领域，或是伦理的观念，无论东方还是西方，都必然能够回溯到一种或几种原型，这便是人们有意无意地把原型观念应用到了现实生活中的结果。每个人都可能继承着相同的基本原型意象，这些原型潜在于人类无意识中的普遍图像与符号之中，这些符号象征在不同文化中都能找到共通性。

荣格用原型意象来描述原型将自身呈现给艺术的形式。原型本身是无意识的，意识无从认识它，但是可以通过原型意象来理解原型的存在及其意义，我们可以把原型意象看作是原型的象征性表现，通过其表现形式以及表现的象征，我们就有可能认识原型。比如，出生、死亡、分离、冒险等，在其象征的意义上，都再现着某种原型的存在。荣格曾说，无意识内容一旦被察觉，它便以象征的形式呈现给意识。[①]他根据自己的分析与体验，以及自己的临床观察与验证，提出了阿尼玛、阿尼姆斯、智慧老人、内在儿童、阴影和自性等分析心理学上的原型意象。这些原型意象存在于我们每个人的内心深处，在意识和无意识的水平上影响着我们每个人的心理和行为。

埃里希·诺伊曼在其名著《大母神》中，对于原型以及其原型意象曾做过出色的阐述与解析。在他看来，源自无意识的象征性意象，是人类精神在其全部表现中的创造性源泉。不仅意识及其对世界进行哲学理解的概念起源于象征，宗教仪式、图腾崇拜、艺术和习俗等也都起源于象征。由于无意识的象征形成过程是人类精神的源泉，所以语言历史几乎与人类意识的发生发展同步，也永远开始于某种象征性。在分析心理学的观点来看，一种原型的内容，最重要的是在意象象征中表现其自身。在这种意义上。荣格曾高度赞扬中国文化，他将汉字称之为"可读的原型"。[②]

原型意象在心理健康咨询的临床意义上，埃里希·诺伊曼的思想具有

---

① 申荷永. 心理分析［M］. 北京：生活·读书·新知三联书店，2004：133.
② 申荷永. 心理分析［M］. 北京：生活·读书·新知三联书店，2004：132.

很大的启发性。象征的物质成分使人们的意识处于激活状态，意识受到象征和视觉符号的激发，而把兴趣指向象征并力求理解。这就是说，象征除了可以做一个能量转换者，也是意识塑造的主体，它迫使个人心理去同化或吸收象征语言与符号中所包含着死亡的一种或是多种无意识内容。原型与原型意象总是具有其集体无意识渊源，所以当原型理论应用于临床实际的心理分析与咨询过程中，实际上就是在发挥集体无意识、原型以及原型意象本身所包含的治愈的功能与作用。意象、象征与想象就成为荣格心理分析理论与实践中最重要的方法和特点。

总之，在详细研究不同文化的神话和符号时，荣格深入剖析了原型在文化表达中的重要作用，他的研究不仅启示了人类共通的心理结构，还为心理治疗与分析文化现象提供了一种更为综合的方法。

（三）自性化概念的引入对临床应用的影响

在荣格的心理学理论中，自性化（individuation）概念为我们打开了一扇通往内心深处的门。这一理论观点如同一幅抽象的油画，将心灵的奥秘和复杂性娓娓道来。在临床心理咨询和治疗的领域中，这种深邃的内在探索带来了无尽的启示。

荣格自性化理论揭示了心灵的复杂舞蹈，是一场内在和谐的寻找。在心理分析与疗愈的舞台上，心理咨询师和接受咨询的来访者个体一同参与这场博大而神秘的精神世界整合过程。这并非对过去的回溯，也不是简单地追溯原生家庭对自我的影响，更是对自我内在部分的接纳和拥抱。如同音符在乐曲中交织，个体的整合过程是一曲心灵的交响乐，将冲突和和谐交织成一幅深刻的画卷。

在这个学术大舞台上，个体整合成了一部关于心灵和谐的史诗。通过对自我认知的提升，个体在这场内在的舞蹈中找到了一种深层次的自由。这一理论观点将焦点投向了个体内在世界的复杂性，为心理学专业提供了对于心智结构演变的新视角。在分析心理学的临床学术研究中，个体整合

第一章 命名与启蒙：荣格心理学的起源与背景

的重要性被视为心理发展理论的一个重要支点，强调了分析心理学专业对于个体内部冲突解决和心理健康促进的责任。个体整合的学术研究不仅扩展了对于个体心理过程的理解，更为临床心理咨询专业的研究提供了一个广阔的领域，涉及认知、情感和行为等多个层面。

正如许多心理分析家喜欢应用的比喻那样，人的心灵像一个容器，在这个容器之中，如果我们想要成长或者改变，就可能产生震荡。在此基础上，如果我们内心深处有许多无意识的情结或者阴影，犹如一盘散沙一般，会跟随着自我的成长节奏产生流动，而精神动力学的精髓也在此流动之中。经过一段时间的摇晃，我们内心深处的"沙子"会慢慢地沉淀下来，重新建立秩序，与此同时，我们有可能在此过程中遇到我们曾经的创伤、痛苦和阴影，但是无意识语言的象征性表达就是按照内心的节奏运作，只要一个人可以看到我们内在世界的样子，并尝试着去理解自己、接纳自己，就有机会将创伤、痛苦和阴影转化为情结，从而获得身心能量。

无意识的世界如同一片幽深的森林，蕴藏着个体独特的心灵之树。荣格鼓励在这片神秘的林间徜徉，通过对梦境、幻觉和内在图像的探索，揭示出内心深处的花朵和荆棘。这不仅仅是对个体的深度心灵之旅，更是对集体无意识的共鸣与回响，将个体的独奏与整个人类心灵的和声相呼应。在心理学专业中，对潜在的集体无意识的探索是一个引人注目的研究领域。荣格的理论将个体心灵与更大的文化背景相连接，为临床心理分析和咨询的专业学者们提供了一个深入了解文化心理学的机会。在学术领域，研究集体无意识如何影响个体的心理过程，以及个体如何在集体中找到共鸣，成为心理学专业的前沿研究方向。无意识层面的探索不仅促进了对个体独特心灵体验的理解，更拓展了心理学专业对于文化与心理互动的研究。

在学术探索的舞台上，这是一场对文学、艺术和文化的深度剖析。个体和集体无意识的交汇，如同一首史诗般展开，将每个个体的故事编织成一个更宏伟的篇章，为人类心灵的奇妙交织提供了更为丰富的语言。在荣格的自性化理论中，符号和象征是个体与内在世界对话的音符，是一种心灵的诗歌。在心理分析与治疗的舞台上，分析师或治疗师可以看作是一位翻译者，帮助来访者个体学会解读这些象征的旋律。荣格曾经说过，无意识的语言不像文字一样，是用象征和符号来表达的，而象征与符号语言是我们的祖先在原始社会恶劣的条件下生存时习得的，拥有原始的记忆和能量。所以我们每个人从一出生其实就懂得象征性的语言，比如一个孩子在不会说话的时候，他会想尽一切办法用动作、表情以及眼神和情绪去表达他内心的真实想法。而伴随着语言表达机制的成熟，我们就逐渐忘记了我们身体语言的象征性表达方式，久而久之，对于梦境中出现的图案、言语以及声音都变得如此陌生，即我们伴随着逐渐社会化的自我成长，人格却变为碎片化的状态。如果人格碎片化到了一定程度，我们距离自己原始的真实精神世界会越来越远，症状便会随之而来。

梦境和内在图像如同一首抒情诗，通过抽象的笔触表达出个体内心深处的情感和需求。荣格的自性化理论中，对符号和象征的研究为心理学专业注入了一丝神秘的色彩。在学术的殿堂中，对这些象征的深入解读成为了一种对心理学与文学、艺术的跨学科研究。言语、梦境和内在图像如同一篇个体心灵的史诗，为心理学专业的学者们提供了一种对心灵奥秘的解锁之法。对于符号和象征的学术研究不仅推动了心理学专业对非言语心灵层面的关注，更促使学者们关注文学、艺术作品中的象征手法。这使得心理学专业的研究领域更为多元，走向更为深刻的文学和艺术解析。荣格的个体化过程如同一部关于心灵追寻真我之旅的史诗小说。在这个故事中，内在冲突的化解、自我认同的建立和独特性的发现是每一位主人公都经历的心灵冒险。个体化过程是心灵的小说，通过对个体内在世界的探寻，塑造了一个关于成长、奋斗和希望的深刻故事。视觉艺术中的任何一类艺术作品，绘画、摄影、电影、电视、表演等，每一个故事的背后都与创作者或者体验者的个人无意识有关，因为任何一件艺术作品都传递着创作者想要表达的内在精神世界，都在传递一种价值观。

第一章 命名与启蒙：荣格心理学的起源与背景

对于分析心理学的学术研究不仅强调了心理治疗的重要性，更提出了一种对于个体心理过程深刻理解的方法。这为心理学专业的学者提供了一种更为丰富的研究途径，使得他们在学术的征途上更为自由地探索心灵的奥秘。荣格的分析心理学为心理学专业带来了一场深刻的思想启蒙。在治疗的房间里，心理分析师不仅仅是一位专业者，更是一位艺术家，通过对心理学方法和理念的灵活运用，描绘出每个个体的心灵之旅。所以在荣格分析心理学的殿堂里，心理分析或咨询从来就不仅仅是技术，更是一种心灵的艺术！个体整合、潜在的集体无意识的探索、符号和象征的研究、个体化的心理发展，以及分析心理学的贡献，这些方面构成了一个多维度、多层次的心理学专业画卷。在这场关于心灵的诗意探险中，荣格的自性化概念成为一盏明灯，引导着心理学专业在更广阔的领域中翩翩起舞。

正如荣格所说，人的一生是终将成为自己的真实旅程。荣格强调了心灵的完整性和平衡性，提出了自性化的概念，认为自性是个体精神世界的核心。荣格分析心理学以自性化为核心概念，强调个体内部的动态平衡，为心理咨询与治疗领域带来了新的理念。通过对内在冲突和对话的深入研究，荣格提出了心理分析旨在促进真实心灵的整合与自我认知的提升。荣格的治疗方法注重对集体无意识的认识，无论是自由联想技术、积极想象技术还是梦的分析，都建立在无意识的基础之上，在个体心理发展的过程中引入了对自我完整性的理解。这为心理治疗领域注入了更为深刻和综合的观点。荣格心理分析的方法不仅关注于精神世界展现出来的表面问题解决，更注重个体内部的动态平衡和心灵的发展，这一理念对心理学和心理治疗领域产生了深远的影响。

总的来说，荣格分析心理学是一种独具匠心的创造，其创立与发展是基于对无意识的探索和研究，并结合临床实践和象征性分析的方法，旨在帮助个体探索和理解自己的内心世界，解决心理问题，实现自我成长和发展。尤其是对集体无意识和原型的研究，为心理学的发展注入了更为广泛的文化视角，超越了传统实验心理学的范畴，深刻地影响了心理学、文学、艺术等多个领域。荣格分析心理学不仅在学术界产生深远影响，也为临床心理治疗和人类文化研究提供了丰富的思想资源。

荣格分析心理学对心理咨询与治疗领域产生了深远的影响，后期的学者继承并发扬了荣格的心理治疗理念，将集体无意识和原型的概念应用于临床心理咨询与实践，这一独特的治疗方法在心理学临床实践中取得了显著的成果，为心理咨询及临床应用领域注入了新的思维、工作方式与技术。

（四）对宗教、文化符号和人类发展的独特洞察

荣格在宗教、文化符号和人类发展方面的研究涉及多个学科领域。他以跨学科的研究方法，深入分析了不同文化中的神话、宗教仪式和符号，将它们纳入心理学的讨论范畴。荣格的这一跨学科研究不仅为心理学提供了更为广泛的文化内涵，也拓展了心理学与其他人文学科之间的对话。他的综合性研究方法不仅为心理学注入了更为广泛的文化和哲学内涵，还为不同学科间的对话提供了桥梁。这一综合性视角使得他的理论超越了传统心理学的边界，成为20世纪最具影响力的心理学家之一。

荣格分析心理学作为心理学领域的一支重要流派，对于宗教、文化符号和人类发展的研究具有独特的洞察力。荣格关注个体心理与社会、意识和无意识之间的相互作用，提出了一系列理论和概念来解释宗教经验、文化符号和生命周期的发展过程。荣格认为宗教是一种集体无意识的表达形式，是人类对于生命意义和存在的探索。他强调了宗教经验的重要性，将其视为一种超越个人意识的体验，能够提供关于宇宙秩序和意义的更深层次的理解。荣格认为，宗教象征和符号反映了集体无意识的内容，是人类内在共享的心理元素的表达。他强调宗教符号的根源在于集体无意识，这些象征超越了个体经验，连接了整个文化。这一观点为研究宗教符号提供了一种深层次、超越文化差异的理解框架。荣格还提出了神秘参与的概念，即个体通过宗教信仰和仪式来与神圣存在建立联系，获得灵性上的满

足感。他的观点为理解宗教经验的心理机制提供了重要的理论基础。荣格关注文化符号在个体心理中的作用，认为它们是集体无意识的表达方式。荣格对象征和文化符号的深入研究涉及文化的内在心理结构，他认为文化是集体无意识的外显，而象征则是文化内在结构的表达，分析心理学将文化符号视为对内在心灵需求的映射，为心理学专业提供了一个更为深刻的理解框架，特别是在跨文化心理学的研究方向上。荣格提出的文化阴影概念使得我们可以更好地理解文化中的冲突和对抗。他认为文化阴影是被忽视或被抑制的部分，但通过对这些阴影的认知和整合，文化和个体可以实现更为健康和完整的发展。他提出了象征的概念，指出符号不仅仅是表面上的意义，而是包含着深层的心理和文化内涵，强调了文化符号对于个体认同和社会凝聚力的重要性，同时也提醒人们要警惕过度依赖符号而忽视个体自身的内在体验。

荣格对人类发展过程进行了深入研究，提出了生命周期理论，他更关注个体心理发展的个体化过程，将其视为一个独特的心灵之旅。他认为通过整合阴影、接纳内在冲突，个体能够实现更高层次的心理发展，最终达到心灵的完整性，即自性化过程。这对于人类发展理论提供了一种更为深刻、充满文化和宗教意义的视角。

综合而言，荣格分析心理学在宗教、文化符号和人类发展方面的独特洞察使得心理学专业能够更全面、更深刻地理解人类内在世界的复杂性和丰富性。他的理论观点为心理学提供了一种超越传统范式的理解框架，激发了学者们在这些领域的深入研究。他认为人类的发展是一个不断变化的过程，涉及个体与社会、意识和无意识之间的相互作用。荣格将人的生命分为不同的阶段，每个阶段都有其特定的心理任务和发展挑战，他的观点强调了个体在整个生命周期中的成长和自我实现的重要性。荣格分析心理学对宗教、文化符号和人类发展的独特洞察为我们提供了深入理解这些领域的视角，它强调了宗教经验、文化符号和生命周期在个体心理和社会发展中的重要性。然而，我们也应该意识到荣格的观点并非没有争议，需要

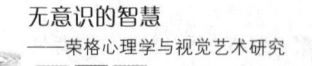

在实践中不断验证和完善，未来的研究可以进一步探索荣格心理学的应用和发展，以及与其他心理学流派的对话和整合。

（五）荣格的学术成就及评价

荣格的学术生涯可谓丰富而多彩。他敢于挑战既有的心理学观念，勇于突破学科的界限，将心理学引向更为综合和开放的方向。

荣格被公认为分析心理学的奠基人之一，他的研究对心理学领域产生了深远的影响。通过深入研究梦境、自我，以及潜意识等主题，荣格为理解深层次人类心灵提供了独特的视角。

荣格引入了原型概念，认为这些普遍存在于文化中的心理图像对个体和集体无意识具有深刻影响。他的这一发现推动了对文化心理学的探索，为人们理解文化现象提供了新的理论基础。荣格的研究强调了个体与整体之间的动态平衡，他认为个体的心理健康与社会、自然环境的和谐息息相关。这一理念为心理治疗和个体发展提供了独特的指导。

荣格致力于构建一个更加复杂而完整的人类心灵图谱，超越了传统心理学对个体的简化观点。他的研究框架拓展了我们对深层次人类心灵的理解，使之更为丰富多彩。荣格对宗教、神秘经验的研究也是他学术生涯的重要组成部分。他提出了自性化的概念，认为通过个体心灵的发展，人们可以达到更高的精神层次。他的理论构建了一个多元而综合的心灵观，为理解人类心理和文化现象提供了独特而深刻的视角。荣格的学术贡献无疑为心理学领域带来了一场思想的变革，使我们对人类心灵的奥秘有了更为丰富和全面的理解。

荣格在心理学领域的贡献不仅仅局限于临床心理学，他将注意力扩展到文学、宗教、神话等多个领域。这种跨学科的研究方式让他的理论更具综合性和深刻性。荣格对原型的研究开创了一种新的思考方式，使心理学家开始更加关注个体心灵深层结构和集体无意识的力量。他的理论为后来的深度心理学、人本主义心理学等流派提供了重要的启示。

荣格对各种文化现象的尊重和独创性的见解，使他的理论更具普适性。他的研究不仅关注个体的心理结构，还深入到文化、神话和宗教等领域，为文化心理学的发展奠定了基础。荣格提出的集体无意识的概念，强调了个体与集体之间的密切联系。他通过研究原型，揭示了个体心灵中那些深层的、与文化共通的元素，为心理学家提供了更全面的思考框架。

荣格的思想持续对当今心理学和相关领域产生深远的影响。他的著作仍然被广泛研读，他的理论也在当代心理学、文学研究以及艺术创作中产生着深刻的影响。荣格的生平与学术成就如同一幅丰富的油画，他在学术的大舞台上奏响了属于自己的旋律。他的理论超越了时代的限制，为人类对内在心灵的探索打开了新的大门，使我们能够更深刻地理解自己的内在世界。

第二章 历史与传承：荣格心理学在中国的发展

历史承载着人类的智慧和生命，是人类文明的传承与印记。历史作为一种信息，从原始人的图腾意象符号，到古老的神话传说，再到流行的民间故事，以及现代文明时代的文字图片或多媒体数据，呈现了人类心灵的起源、发展历史和轨迹。[①]一门学科的发展需要以史为鉴。

时至今日，由弗洛伊德的精神分析与荣格分析心理学构成的心理分析在中国蓬勃发展，呈现出其治愈与转化、养心与育心的重要意义。《易经》作为中国传统文化的代表，与中国心理分析历史的发展密不可分，是中国心理分析发展的重要线索。在1998年第一届心理分析与中国文化国际论坛召开之际，专家们探讨《易经》得到了"咸卦"的启示，咸卦预示了中国心理分析是以"以心传心"为核心的心理学研究，与西方之刺激—反应模式不同。"咸，感也。……天地感而万物化生，圣人感人心而天下和平，观其所感，而天地万物之情可见矣。"[②]由此叩开了分析心理学在中

---

① 科茨. 荣格心理分析师[M]. 古丽丹, 何琴, 译. 广州：广东教育出版社, 2007：9–10.

② James L. Book of Changes[M]. Changsha：Hunan Publication, 1992：138–141.

第二章 历史与传承：荣格心理学在中国的发展

国的大门，架起了中国古老文明与现代西方文明之间的文化交流平台，是中国人集体无意识的选择，是意识与无意识的融合与相知，更是心理分析之"头"与"心"的相遇。由此，咸卦便作为了心理分析在中国的萌芽与启动。

在中国召开的心理分析与中国文化国际论坛，主题内容的选择源于易经之咸卦、观卦、鼎卦与未济卦。在此基础之上，《易经》之"未济"便可作为探索心理分析在中国未来发展规律的依据。未济之六五爻："六五贞吉，无悔，君子之光，有孚，吉。"其象曰："君子之光。其晖吉也。"[①]《易经》六十三卦既济为终，而六十四卦未济反为始。既济上坎下离，而中互未济；未济上离下坎，而中互既济。这是中国哲学的圆融，周而复始方可生生不息。

历史是记忆的传承，记忆不仅产生于人自身，也产生于人与人之间。它不仅是一种精神或心理学现象，更重要的还是一种社会现象。人类的自我认识，不仅需要意识层面的努力，而且必然要涉及无意识领域的深层次探索。心理分析为我们提供的不仅是认识意识的自我，而且是对内在自性的感受与体验。自20世纪末以来，无论是西方还是东方，"记忆"都是一个热门话题，并已经成为我们这个时代的一个标志性现象。而冠以"集体记忆"或者"文化记忆"的记忆研究也更是日益发展成为一门科学。

心理分析在九届心理分析与中国文化国际论坛已然为分析心理学在中国的发展营造了集体记忆的环境。深化我们的集体记忆环境，在追踪历史的过程中发挥着不可或缺的作用。所有我们今天称之为记忆的东西，都不是记忆，而是已经成为的历史，对记忆的需求就是对历史的需求。在心理分析在中国的发展的历史研究过程中，更是提炼出"涌现"作为心理分析重要的方法论之一，不是传统的因果关系或因果决定论，而是复杂性系统中的涌现。中国心理分析的发展与实践是涌现的启迪与智慧。中国的心理

---

① 李光地. 康熙御纂周易折中［M］. 成都：巴蜀书社，2014：751.

分析始于未济，源于未济，也终将由未济实现其在生活中的真实意义。中国心理分析的发展与历史，承载着中国人文化心性发展过程中集体无意识的选择和智慧，具有重要的历史价值及意义。

一、荣格心理学在中国发展的文化背景

（一）中国文化的包容性

申荷永教授通过中国传统文化之大禹的原型意象，对弗洛伊德精神分析在中国的传入翻译和理解进行阐述，对"精神分析"与"心理分析"的命名进行了理论研究。在中国传统文化中，大禹用"疏川导滞"的原则治水，顺水之道，以水为师，因势利导，故能使百川顺流，各归其所，其中也包含对于心理分析的启迪；借炎帝神农尝百草而医万民的原型意象，体现精神分析与心理分析的碰撞和交融，探索精神分析与心理分析未来的共同发展方向；用中国文化原型"伏羲"体验心理分析与中国文化发展中的时机与转化，以及其中所包含的机缘与共时性；并从中国文化之"心理"与"理心"入手，来表达一种心理分析思想。《说文解字》中称"玉"为石之美，赋予其"五德"："润泽以温，仁之方也；鰓理自外，可以知中，义之方也；其声舒扬，专以远闻，智之方也；不桡而折，勇之方也；锐廉而不忮，洁之方也。"于是，"理"中含"玉"，也就包含了特有的玉之心性。从"玉璞"中发现与磨炼出玉之心性，便具有了心理分析的寓意。心理分析之"心之理"与"治玉"（谐音为"治愈"）有关，其中蕴含了"理心"之意境，是心理分析治愈的关键，也正是《易经》之中国文化原型的体现。由此可见，中国文化与心理分析的产生血脉相连，相辅相成。

《易经》系辞有言："是故易者，象也，象也者，象也。"这种所谓关联性的思考正是中国古人一种习惯的思维方式，大体上包括了想象、模拟、论证、直觉等方法在内。在《易经》中，许多的卦象所给出的词语往往有数百种，足够占卦者联想使用。这种关联、模拟的思维方法，似乎不合逻辑，却赋予了强化感觉、直觉功能，激发无意识和集体无意识的自然呈现。荣格认为《易经》是关于智慧的书，亦是一本充满意义的书，荣格对待《易经》是在不知不觉之间与《易经》所包含的思想进行交流和对话。《易经》包含的不仅是一般的魔力，而是一种关于"天人合一"的思想。荣格本人非常受"道"的影响，他本人的生活也在遵循"道"的思想，不仅仅是作为学术，而是一种生活方式，他本人的生活方式就是接近大自然，把"道"作为自己的生活方式，顺其自然，亦即中国的"无为"。

分析心理学的发展历史离不开中国禅宗的心与性。禅宗是一种哲学，不像西方哲学那样借助理论进行讨论，而是生活在"道"中，强调体验。按照中国禅宗的话讲，体验道并不是征服世界，而是把我们的心"修理"好，修心不能刻意，而是自然而然不带有任何目的的修身。至此，分析心理学的意义被表现得淋漓尽致。例如，黄檗禅师说："当我们带有目的去修行的时候，不是真正的道，真正的修心并不是什么都不做，而是不加任何目的地去做，即不做而做"。禅宗讲："担水劈柴，无非妙道。"我们做任何事情都在道中，并不是要脱离现实生活。禅宗所说的修持或自由，实际上是两种规范：一种是内在的规范，另一种是外在规范。禅宗重在内心的规范而不是外在形式，也就是说，我们只有回到内心世界的规范中，才能够获得一种觉悟。禅宗通常通过这些形式表现：看到光或者雷声，这是内心的声音而不是外在的具象。禅宗无法用语言直接显示道，却可以指向道，所谓"因指见月"，就好比是用手指给月亮看，真正优秀的学生是通过指头看月亮，而不是只停留在指头上。中国禅宗的心性智慧及道理亦如心理分析之建立关系，面对与整合情结和阴影，以及由容纳与抱持中获得慈悲与转化。

（二）荣格对中国文化的深入研究

在心理学发展的过程中，无论是弗洛伊德还是荣格，都表现出对中国文化哲学以及对东方古老文明的敬仰，荣格曾经称自己是中国哲学最忠实的学生。荣格在与弗洛伊德学术意见不统一后，曾陷入了深深的抑郁，中国文化和中国哲学曾帮助他度过危机，重新找到属于自己的道路。荣格熟读《易经》，从中提炼出"共时性"和"超越性功能"；从《西藏生死书》中，他加强了其"集体无意识"的理论；从《金花的秘密》中，他获得了其"积极想象"（active imagination）的方法和途径。中国文化源远流长，荣格早在1928年的时候就通过《金花的秘密》了解炼金术的内容。对于荣格来说，这本书给予他很大的启发，在1929年这本书用德文出版的时候，荣格写了一个评论。而这个评论被认为是关于西方心理学与中国传统文化最早的评论文章，这也为今天的心理分析在中国的发展埋下了一粒珍贵的种子。

尽管荣格最终从炼金术转向西方心理学的研究，但是他本人一直对东方文化保持非常浓厚的兴趣。荣格认为《金花的秘密》之中包含着非常重要的理解，这种理解是针对西方的原始原型或西方潜意识原型的，还有西方的潜意识。并且这本书使荣格发现，人类的心理现象具有相当的普遍性。作为西方人的荣格，在这本东方的著作当中也看到了属于西方人的心理原型，而这种心理原型的普遍意义给予了荣格更为坚定的信念。这本书中包含着一种最关键的观念，就是一种心灵的相互作用，即在人的心灵当中存在着两部分既矛盾又和谐的能量。在中国道教中，存在相互对立统一的理念，而对立统一达到一种和谐圆满状态的思想，正好符合荣格自己对心理的一种理解，阴、阳是道的基本元素，阴阳之间的和谐、圆满的关系，荣格解释为一种心理现象的过程或者对心灵的理解。直到今天，这种用更加顺其自然的方式对待心理学的态度，也仍被荣格分析心理学家或者荣格学者所坚持。

第二章 历史与传承：荣格心理学在中国的发展

相比《金花的秘密》，《易经》的历史更为久远，是春秋战国之前的著作，更加带有神秘的色彩。中国文化对荣格分析心理学的发展影响深远，由于中国传统文化中文、史、哲学不分家的性质，使得这种中国传统文化与西方心理学"联姻"的视野变得更加广阔。荣格曾经提出并论述了诸如词语联想、积极想象的方法，以及宗教、神话、传说与原始意象的联系；感觉、思想、直觉、无意识和集体无意识、移情的作用与梦的分析等理论和方法。众所周知，这些已经是荣格思想的重要概括，而荣格讲述的这些理论和方法，在《易经》中亦能得到印证。

（三）中国学术界对荣格心理学的接受与交融

心理分析在中国早期的发展还与时任华南师范大学校长的颜泽贤教授（图2-1）密不可分，颜泽贤教授对心理分析在中国的发展给予了莫大的支持。就心理分析在中国初期的历史、心理分析与中国文化的未来发展等课题，颜泽贤教授做了如下的讲解。

图2-1 颜泽贤教授

颜泽贤教授专访纪实：2015年11月11日，澳门城市大学，颜泽贤校长办公室。

问题1：纵观心理分析在中国的发展历史，在其发展的初期，有许多鲜为人知的历史故事，也涉及申荷永老师20世纪90年代初回国时候的相关

无意识的智慧
——荣格心理学与视觉艺术研究

背景，您能谈一谈吗？

颜泽贤教授：心理分析在中国的发展早期涉及一段历史，这也是许多年前的事情了。20世纪90年代，当时我还在华南师范大学做副校长，学校要建立教育学院的心理系，心理系是教育学院下设的一个系。当时申荷永给我的第一印象是非常年轻，年轻有为。当时，他刚从南京师范大学毕业不久，分配到我们学校来。我跟他有所接触，我觉得这个人很有才华，学术功底还不错，是一个可以培养的人才，这也确实是我对他的印象。

1994年，申荷永在我们学校学术国际化方面，是发展得比较快的一名年轻教师。在当时他就认识了国际荣格学会的主席托马斯·科茨以及秘书长默里·斯丹，他提出了是否可以邀请国际荣格心理学来中国看一看的课题申请。这第一次访问还不是真正的学术会议，只是到中国来，这也就是第一次的会面。我认为申荷永这样的举措实际上是迈出了国际化的第一步，或是说他所研究的分析心理学走向国际的第一步。而后，他在自己的学术生涯当中发展很快，在我的印象当中，他多次出国留学。

当时的时代背景是，如果我没有记错的话，应该是20世纪与21世纪的世纪之交的时候。在那个时候，有一批学生，不知道是出于什么样的原因，很想报考我们心理系，尤其是想报考申荷永研究的这个方向的人很多。我记得有几个特殊的人物，如企业界的人士。因为当时我们招的学生都是本科、硕士的应届毕业生，但当时有其他几个人通过各种途径找到我，希望我能向申荷永介绍他们，他们希望可以攻读分析心理学的博士学位，其中就有徐峰。徐峰当时是一个比较成功的企业家，他是在澳大利亚拿的硕士学位，我就问他："您做餐饮很好，为什么要读心理学的学位呢？"

他说："我非常想学习。"

我就对他说："我当然非常支持你。"

另外，还有世界乒乓球冠军陈静，她当时已经定居台湾，但还想到我们学院来读书。还有一个是当时美国驻中国大使馆的一位在职的外交官，

第二章 历史与传承：荣格心理学在中国的发展

也希望成为申荷永老师的博士研究生。当时我已经成为华南师范大学的校长了，我觉得这么多人都想读这个专业，一定是有道理的。那么从学校的发展来看，我认定心理学中的分析心理学或是应用心理学这个学科是有发展前景的。并且，华南师范大学的心理学学科是具有一定历史的，最早是阮镜清教授——一位非常著名的心理学家，他的研究方向是教育心理，与申荷永的研究方向不太一样，申荷永是研究应用心理学方向的。

当然，我不是一个心理学家，我是研究哲学的，哲学与心理学多少还是有一部分相近的地方。我认为应用心理学这个学科还是值得发展的，这是第一；第二，申荷永是一位很有发展前景的学者，在学术国际化的发展背景下，他是唯一一个能够走出去的学者，是很有前景的，用一句通俗的话来说，就是我是很看好申荷永的。

当时在国外学习的人很多，我害怕他们都不回来，因为在当时到国外读书留学，之后工作也是常有的事情。所以我专门到美国去找申荷永，希望申荷永学完之后可以回国，这边有许多个博士需要申荷永老师来培养。并且他选择研究的方向是将分析心理学这个发展很成熟的心理学科与中国传统文化相结合起来。我觉得这个学科交叉点是一个非常好的内容，所以，我觉得申荷永的学术前景，以及未来的发展还是离不开中国这个土地，只有在这里的土地上，才能发挥申荷永的才能。他说："好好，我一定是要回去的。"

从我当时做华南师范大学的校长来说，一个大学如果做211工程，各学科应该共同发展。但是实际上不可能所有学科都齐头并进地发展，所以当时我们是定了7个重点学科，其中就有教育与心理这个学科，我们投入了大量的人力、物力去推动它们的发展。从学校发展来看，尤其是心理系，申荷永的应用心理学专业是值得支持的，应该想办法让他回到我们学校来，一起将这个学科建设好。

问题2：心理分析在中国日益壮大，现在更是蓬勃发展，您有什么样的感受呢？

颜泽贤教授：首先，我说过了，我不是一个心理学的专家，但是我是一个对心理学很热心的支持者。我个人的研究领域，多少与心理学还是有很多交叉和联系的。我本人的本科是学物理学的，是理工科的，研究生学习科学哲学，那么最早从学科分类上，心理学是属于哲学范畴的。我的研究也涉及人工智能、心灵哲学，再加上在申荷永所推行的心理分析与中国文化及其开展的一系列的活动中，我基本上还是都陪同上下。从第一次心理分析与中国文化国际论坛召开到现在都已经召开第七次心理分析与中国文化的国际论坛了。

我记得第一次应该是在1998年，其中有好几次都是在广东华南师范大学召开的，后来也在复旦大学召开过一次。再后来，我来到了澳门城市大学，在澳门也召开了两次国际会议。这个学科发展是很快的。

我作为一个外行来看，一个学科的发展有几个标志：第一个层面是学术研究成果。从这个方面来说，不仅仅是申荷永个人，包括他培养的博士及博士的博士，都在学术上有很大的影响。应该说，申荷永和他的团队，或者说，我们这个心理分析的中国学术问题，我现在还不敢说是中国学派，但应该可以说是初步形成，他们的学术研究成果在国际上应该是有一定程度或是很大程度的影响的。不仅是在中国大陆，还在港、澳、台甚至是海外华人社区，心理分析的研究方向已经初步形成。我觉得这个还是很可观的。这是学术研究的层面。

第二个层面是人才培养方面。心理分析专业不仅培养了大量的硕士生、博士生，现在还有网络课程的远程教育，更主要的是还有很多心理学的爱好者。过去心理分析与沙盘游戏对国内来说是很陌生的，现在也逐步进行了推广，也在大力进行人才培养。人才培养不仅仅指培养自己的学生，还有一个国际化的认可，也就是国际荣格心理分析师、沙盘游戏治疗师的培养。我听申荷永讲，这是有一个非常严格的过程才能得到认可的。申荷永本人应该是中国第一个拿到国际荣格心理分析师资格的学者，这是实实在在地通过许多个小时的考察得到的。这是关于人才培养的层面，心

第二章 历史与传承：荣格心理学在中国的发展

理分析专业取得了不错的成果。

第三个方面是将心理分析与沙盘游戏推广到社会服务。比如说很多心灵花园的建设，这是需要有爱心的，是真的不容易。在中国的几次大地震救灾期间，申荷永及其团队都是第一时间赶往震区进行支持工作，对社会服务做了大量的工作。

"心理分析与中国文化"在短短数十年的发展中，无论从学术研究，还是人才培养，还是从社会服务方面，应该说是做了大量的工作，有目共睹。

问题3：您认为心理分析在中国的灵魂是什么？

颜泽贤教授：这个问题实际上就涉及心理分析在中国为什么能够带来如此之大的影响力的问题。我有一个看法，当然不一定是准确的。首先，学科定位非常重要：一是有国际视野；二是与本土特色结合起来。我经常跟申荷永说，心理分析与中国文化的学科发展方向定位是非常准确的。这样一个理论基础让我来理解，就是一个人的心理表征应该是由两个方面因素来决定的：一个是身体因素；另一个是文化因素。1972年，牛津学者道格斯的著作《自私的基因》中讲道：人类的传承由两个因素决定，一个是生物学基因，即DNA；除了这个生物遗传之外，还有一个就是文化基因。他当时杜撰了一个叫作"MEME"的名称，即文化基因，为了有别于生物遗传基因，并声称文化基因很重要。人的心理表征离不开这两方面的因素，因此，心理表征上东西方文化肯定有不同的文化基因。荣格之所以出名，其中一个最重要的方面，是他在心理分析理论中加入中国文化的元素，从卫礼贤那里获得《金花的秘密》，使其理论有别于精神分析理论。过去的一百年里，一直没有人将荣格的思路或研究理论继续发展开来，我不敢说是申荷永开创了这个领域，但的确是在沉寂了这么多年之后，一位中国学者，他具有这样的国际眼光，能够主动地承接荣格的思想经络，将其传承下来，也主动地将中国文化与心理分析融合起来。心理分析在学科定位和发展方向上顺应了发展历史的潮流，短短数十年，举办了七届心理

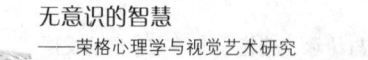

分析与中国文化国际论坛，国际荣格心理学会以及沙盘治疗学会的主席先后访问中国。两大国际学会都非常关注中国的发展这是非常不容易的，我想这是一个很主要的因素。

其次，在心理分析发展的灵魂中，领军人物非常重要。我不是说申荷永如何，现在还不是吹捧他的时候，他还有很大的发展空间。因此，任何一个学科的发展有一个很睿智的、高水平的、学术功底比较强的、学术研究定位又比较准的人物是非常重要的，这也算是灵魂。有了这样一个领军人物，学术领域就会一步步地形成，发展区域也会扩大，就像我前面提到的，在整个华人社会心理分析都具有很大的影响力，这是非常重要的。

这段历史为心理分析在中国的发展埋下了一粒宝贵的种子，这粒种子在中国传统文化土壤的孕育下逐渐生根发芽，为后来心理分析在中国的发展奠定了坚实的基础。

二、荣格心理学在中国发展的历史脉络

（一）初期的学术引入阶段

20世纪初，中国社会正面临政治、文化和经济的多重挑战，中国社会正处于思想启蒙和社会变革的浪潮中。对西方文明的追求促使了对西方心理学理论的引入和研究，荣格的心理学理论在20世纪初期由一些先驱者初次引入中国。这些先驱者可能是留学归国的学者、翻译家或对西方心理学产生浓厚兴趣的教育者。荣格的著作逐渐被翻译成中文，为中国学者提供了窥探深度心理学思想的窗口。在荣格心理学发展的初期引入阶段促进了一些学术团体的形成，学术沙龙成为学者们交流观点、分享翻译心得和讨论荣格理论的平台，促进了荣格心理学在中国的学术共同体的形成。

荣格心理学在中国的引入也催生了东西方文化的对话。中国学者开始

思考荣格理论如何与中国传统文化相互融合。这一跨文化的对话推动了荣格心理学在中国的本土化发展，形成了具有独特文化特色的心理学观点。荣格心理学提供了一种独特的心灵探索途径，使心理学领域的学者们能够深入研究个体内在世界的结构和潜在动力，超越了传统心理学的范式。初期引入阶段是荣格心理学在中国发展历程中的关键时期，为后来深入研究、实践和文化对话奠定了坚实的基础。这一时期的努力推动了荣格心理学在中国逐渐扎根和发展的过程。

（二）中期的研究中断阶段

在"文化大革命"期间，中国的学术研究受到了很大的冲击，包括心理学领域。西方心理学的著作受到批判，研究遭到中断。荣格心理学也受到了影响，翻译和研究工作中断。

改革开放后，随着改革开放政策的实施，中国的学术研究逐渐恢复，包括心理学领域。20世纪80年代，荣格心理学再次引起了学者们的关注，研究者开始重新翻译荣格的著作，并将其理论与中国传统文化进行对话。以分析心理学为基础的深度心理治疗兴起于20世纪90年代，随着中国社会的变革和人们对心理健康的关注增加，深度心理治疗逐渐成为中国心理学领域的一个重要分支，荣格的理论在深度心理治疗中得到应用，成为一种帮助个体深层次探索心灵的方法。

（三）当代学术研究和国际化传播阶段

1984—1993年，申荷永教授师从高觉敷先生，完成了其硕士博士的学习，之后担任高觉敷学术助手完成"中国心理学的形成"的研究，并开始了国际自然科学基金的"团体内聚力研究"课题。1993—1994年，申荷永在美国做高级访问学者期间，认识了国际分析心理学会主席托马斯·科茨与秘书长默里·斯丹，开始了心理分析与沙盘游戏的学习。1994年，申荷永与颜泽贤邀请国际分析心理学会主席科茨与秘书长斯丹等学者访问中国，开启了心理分析与沙盘游戏在中国的发展历程。1995年，国际分析心理学会主席科茨邀请申荷永与高岚访问瑞士苏黎世，参加世界分析心理学大会。1996—1998年，申荷永获美国富布赖特学者（Fulbright）奖励，在美国内布拉斯加大学、加州大学洛杉矶分校和超个人心理学研究院等讲授中国文化心理学，并在美国旧金山荣格学院进修，直至1998年申荷永返回中国，举办第一届心理分析与中国文化国际论坛之际，创办了国内第一个荣格分析心理学的学术组织团体，即广东东方心理分析研究院。

广东东方心理分析研究院的前身为广东东方心理分析研究中心，筹建于1998年第一届"心理分析与中国文化国际论坛"召开之时。广东东方心理分析研究中心组建于1998年，在广东省民政厅注册，是广东省社会科学界联合会主管的民营非企业机构；于2002年9月获得广东省民政厅和科技厅的正式批准，成为独立的民办非企业机构。之后，广东东方分析心理研究院与国际分析心理学会、国际沙盘游戏治疗学会（International Society for Sandplay Therapy，ISST）、国际意象体现学会（International Society for Embodied Imagination，ISEI）建立长期合作关系；1998年开始与三大国际机构（国际荣格分析心理学会、国际沙盘游戏协会、华人心理分析联合会）联合，以及和华南师范大学、复旦大学、澳门大学、山东大学等合作，连续举办了七届心理分析与中国文化国际论坛（1998—2015）。广东东方心理分析研究院举办了北京大学首届中国荣格周、复旦大学第二届及第三届中国荣格周，以及在浙江大学、南京大学、云南大学、山东大学开展关于心理分析与中国文化的学术活动，推动并引领了心理分析与中国文化的发展，并多次在国际荣格分析心理学大会上进行学术演讲和专业报告。

广东东方心理分析研究院为东方文化与西方心理学搭建了良好的国际交流平台，促进了东西方文化的交融，实现了学术、公益和社会发展的互助共享。其创办意义便是，在中国文化的基础上，发展一种有效的心理分析理论，包括方法与技术，是我们的期望与努力。这种心理分析不仅可以

第二章　历史与传承：荣格心理学在中国的发展

运用在个体临床的水平，起到基本的心理治疗的作用；而且能够帮助人们心理的发展与创造，增进心理健康，发挥其心理教育的意义；同时心理分析还可以在认识自我与领悟人生意义的水平上，获得自性化体验与天人合一的感受。以中国文化为基础的心理分析，致力于心性真实性意义的追求与实践，致力于探索与呈现心灵所能达到的境界。

广东东方心理分析研究院长期负责国际分析心理学会和国际沙盘游戏治疗学会中国发展组织的工作，参与创办了华人心理分析联合会（Chinese Federation for Analytical Psychology，CFAP）、国际意象体现学会（ISEI）和国际沙游工作协会（International Association for Sandplay Work，IASW），并于2022年8月创建了国际分析心理学会中国学会（CSAP）和国际沙盘游戏协会中国学会（CSST）。研究院下设有心理分析研究部、培训部、咨询部、联络部、心灵花园公益项目和洗心岛出版社。研究部以心理分析与中国文化为主要研究方向，有诸多国内外专家、硕士、博士及博士后等参加，逐渐建立了心理分析与中国文化学术体系，以及梦、沙游和意象等大型数据库资源。培训部主要提供心理分析师及沙盘游戏疗愈师专业培养，提供国家及国际沙盘游戏师资质认证；同时以原创的洗心岛模式承接企业员工帮助计划（employee assistance program，EAP）项目，为企业领导者及高级管理人员提供心理培训课程。咨询部为大众各阶层提供个体和团体心理咨询与深度心理分析，包括沙盘游戏、意象体现等专业技术的应用，同时也为企业和个人提供人格、能力、智力、职业倾向等多方面的专业心理评估，以及有关心理分析专业的技术服务与支持，如沙盘游戏专业设备等。联络部负责与国际分析心理学会、国际沙盘游戏治疗学会、华人心理分析联合会、华人沙盘游戏治疗学会、国际意象体现学会、国际沙游工作协会等国内外专业机构的组织与联络，管理心理分析与中国文化网站与论坛以及沙盘游戏专业网站。心灵花园公益项目以全国范围的孤儿院为重点，也包括震区心理援助和弱势群体的心理援助等，目前已在全国范围内建立了79处心灵花园工作站。洗心岛出版社以心理分析与中国文化的专

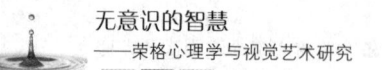

业书籍出版为己任，同时负责《心理分析》和《沙盘游戏》杂志的出版与发行。

华人心理分析联合会和东方心理分析研究中心，是以促进心理分析与中国文化研究和发展为目的的学术公益团体。华人心理分析联合会由申荷永教授于2008年在澳门创办，诸多国内外知名人士和著名学者，担任了华人心理分析联合会的顾问。

华人心理分析联合会下属分支机构包括：华人沙盘游戏治疗学会、华人意象体现技术学会、华人心理分析与中国文化研究会、华人心理分析基金会和心灵花园公益项目，以及华人心理分析联合会各地办事处。华人沙盘游戏治疗学会、华人意象体现技术学会、华人心理分析与中国文化研究会。并且与国际沙盘游戏治疗学会、国际意象体现学会和国际分析心理学会接轨，提供专业资质认证、个人心理分析、专业督导和系统性专业培训。华人心理分析联合会旨在以中国文化的基础，结合东方哲学发展出一种有效的心理分析理论，包括方法和技术。这种心理分析不仅可以运用在临床水平，起到基本的心理治疗的作用，而且能够帮助人们心理的发展与创造，增进心理健康，发挥其心理教育的意义。同时心理分析还可以在认识自我与领悟人生意义的水平上，获得自性化体验与天人合一的感受。以中国文化为基础的心理分析，致力于心性真实意义的追求与实践，致力于探索与呈现心灵所能达到的境界。华人心理分析联合会在"5·12汶川地震"发生后立即派出心理分析专业志愿者团队，先后建立了北川中学、德阳东汽和汶川水磨小学等7个心灵花园工作站，长期坚持工作。

国际意象体现学会成立于2006年，罗伯特·伯尼克（Robert Bosnak）为首任会长。在这之前，罗伯特·伯尼克也曾担任国际梦的研究会会长。在国际意象体现协会与广东心理分析研究院、华人心理分析联合会的共同努力下，华人意象体现与梦的工作协会于2013年7月3日在澳门成立。

意象与视觉艺术体现关系紧密，意象的象征可以从"具身"（Embodiment）这个词理解，它的意思是显示出意象是如何进入人的身体当

第二章 历史与传承：荣格心理学在中国的发展

中的，是一种化身的比喻形式，即具身化隐喻。汉朝王充《论衡·乱龙篇》："夫画布为熊麋之象，名布为侯，礼贵意象，示义取名也。"南朝刘勰《文心雕龙·神思》："然后使玄解之宰，寻声律而定墨；独照之匠，窥意象而运斤。"明朝何景明《画鹤赋》："想意像而经营，运精思以驰骛。"都讲述"意象"是一种寓意深刻并经过构思而产生的形象，与身体体验息息相关。意象之"意"亦有"意境""心境"之意。宋朝黄庭坚《同韵和元明兄知命弟九日相忆二首》之一："革囊南渡传诗句，摹写相思意象真。"宋朝王安石《宿土坊驿寄孔世长》："残年意象偏多感，回首风烟更异乡。"宋朝陆游《病起寄曾伯兄弟》："意象殊非昨，筋骸劣自持。"伯尼克的研究在中国被命名为"意象体现"（embodied imagination），自有心理分析的心境之意。①

很多神经科学的研究表明，直接进入身体的意象，会直接对身体产生很大的影响。意象研究有很多种看待意象的方式。伯尼克教授是从梦的角度看待意象的，梦是最有力的意象形式，这与中国哲学也有着深刻的渊源，像是庄周梦蝶的故事，与西方的哲学思辨得到完全不同的结论。意象体现是基于现象学的工作方式，通过仔细观察和主观能动性的方法，改变感受身体的方式，治愈因素就在此过程之中。神经科学研究表明没有情感的参与，心里就不能做出判断，同时还会做出错误的决策。而梦帮助我们理解意象，在做梦的时候，世界上的任何一个人都会觉得自己被一个环境所包围，每个人都会身临其境地经历着这个仿佛完全真实的环境，它们像是真实的物质世界一样呈现着，以至于我们就好像身处一个清醒的环境中一样。"意象体现把做梦的经历当做一种想象活动的范例，把意象理解为类物理的环境，我们身临其境，此时，即使我们的理性思考都不能够理解这些意象，我们也仍然能够通过它们进行沟通心灵的思索。"②在中国，

---

① 申荷永. 意象体现与中国文化［M］. 广州：洗心岛出版社，2013：79.

② 申荷永. 意象体现与中国文化［M］. 广州：洗心岛出版社，2013：81.

梦并非来自不安灵魂的虚空，而是心灵的自我充实。中国文化自古以来一直关心心灵深处的感受，这感受搅动着情感，从而令心理超越了理性。中国拥有丰富的文字，在其特性没有被理性磨灭之前，中国文化便已经使用这样的文字来表述关于心灵的思想。"意象体现与梦的工作来到中国，在文化层面，是对中国传统文化的复兴和修复。"[①]

直至今日，荣格心理学在全国的传播与发展有目共睹，热爱荣格心理分析的学者、爱好者与日俱增，分别在北京、上海、广州、香港、澳门等地发展专业荣格心理学小组，并在全国各省的心理学会中建立分析心理学或心理分析与沙盘游戏专业委员会，进行分析心理学的理论学习与实践培养。尤其是在澳门，兴起了对荣格心理分析师的大量的社会需求。在儿童心理健康教育方面，澳门荣格小组结合中国传统文化，应用绘本及沙盘游戏治疗技术，努力发展澳门儿童心理健康教育事业，受到澳门特区政府及社会各界人士的广泛认同。

荣格心理学在台湾同样受到大众的重视和欢迎。根据台湾心理分析师王浩威医师的介绍，荣格心理学的相关著作在台湾风行，而真正将心理分析理论应用于临床治疗，是2003年申荷永教授受邀参加台湾法鼓山心理学大会时所提出的，并于会议期间举办了专业的心理分析工作坊，进行临床实践的研究与讨论。之后，在台湾沙盘游戏创办人梁新慧老师回到台湾，并发展沙盘游戏治疗在临床上的应用时，荣格心理分析与临床治疗在台湾才可以说是开始真正的接触。

2015年1月，在中国发展近30年的心理分析理论取得了历史性的进展，以《心理分析》与《沙盘游戏》的创刊为标志。这两本杂志的诞生，是心理分析与中国文化整合的硕果，亦是西方分析心理学与中国传统文化的智慧结晶。国际上8位分析心理学家为《心理分析》与《沙盘治疗》杂志写序，序言原稿作为心理分析在中国发展历史过程中的数据文件应该予

---

① 申荷永. 意象体现与中国文化[M]. 广州：洗心岛出版社，2013：86.

第二章 历史与传承：荣格心理学在中国的发展

以保存和呈现。其中包括：托马斯·费舍（Thomas Fischer），荣格著作基金会会长（荣格著作基金会负责管理卡尔·荣格与其妻子艾玛·荣格的知识产权与创造性遗产）、荣格的曾孙、心理学家；默里·斯丹，瑞士心理分析师、国际分析心理学会前任主席、广东东方心理分析研究院特聘导师，其著作《荣格的心灵地图》《日性良知与月性良知》《变形：自性的显现》《中年旅程》等都已有中文版出版；克利斯汀·盖拉德（Christian Gaillard），法国著名荣格心理分析师、国际分析心理学会前任主席；维蕾娜·卡斯特，国际分析心理学会前任主席、瑞士荣格心理分析师、苏黎世大学心理学教授，其著作已有10多部翻译成中文出版，包括《相信自己的命运》《依然故我》《梦：潜意识的神秘预言》等；马丁·卡尔夫（Martin Kalff），国际沙盘游戏治疗学会培训与创办会员；山中康欲，日本京都大学名誉教授、国际箱庭疗法学会创立会员、日本箱庭疗法学会前任理事长、医学博士；瑞·罗杰斯·米切尔（Rie Rogers Mitchell），注册心理治疗师与督导师、国际沙盘游戏治疗学会前任会长；哈里特·弗里德曼（Harriet Friedman），注册心理治疗师与督导师、荣格心理分析师。在序言中，他们都充分表达了《心理分析》与《沙盘游戏》这两本专业刊物的出版意义。（详细内容见附录）

　　心理分析经过在中国30余年的发展与传播，理论构建已经逐步趋于完善；团队建设及后续人才的培养也逐渐形成属于自己的培养模式；学术成果也与国际趋向一致的水平。正如作为国际荣格分析心理协会中国澳门地区负责人的李琪老师所言："今天，心理分析在中国的发展所取得的成绩是有目共睹的，是值得高兴的！也许并不是我们为中国做了什么，而是未来中国心理分析的发展需要我们继续做什么。"

三、荣格心理学在中国发展的主要内容

（一）荣格心理学在中国发展的哲学背景

在中国，荣格分析心理学的发展受到了中国文化和哲学的深刻影响。学者们在研究中将荣格心理学与中国传统文化进行对话，寻找二者的契合点。这种对话有助于更好地理解荣格理论在中国文化语境下的应用和意义。荣格曾深入研究中国的炼金术与道家思想，并在此基础上形成了自己的理论观点。他对中国古老的智慧充满了兴趣，认为分析心理学与中国文化之间存在着历久弥新的深切联系，因此，荣格分析心理学在中国发展的主要内容不仅包括理论的研究和实践。荣格分析心理学在中国的发展主要涵盖了两个核心方面。首先，它是一门探究人类心灵原始意象的深度心理学，旨在揭示人类无意识中的内涵和意义。其次，荣格分析心理学也展现了一个全面的关于人类心灵的模式，它不仅是一套知行合一的理论知识体系，也是一种改善精神健康状态和促进人格完整性的实用体系，还包含了对中国文化和哲学的深入理解和融合。

许多学者和心理咨询师都对荣格的理论进行了深入的研究和探讨，包括集体无意识、个体无意识、人格类型理论、心理类型理论等。这些研究不仅丰富了荣格分析心理学的理论体系，也为中国的心理咨询和治疗提供了新的视角和方法。

荣格分析心理学的实践应用也是学科发展的主要内容之一，并且现在的心理咨询与分析的临床数据显示，无意识水平上的心理咨询和分析治疗工作是非常有效的一种工作方法，无论是象征意象的无意识语言表达，还是以沙盘游戏为代表的非语言表达疗愈方式，在中国的学术研究和临床研究中都取得了显著的成果。荣格的自性化理论在中国的心理治疗实践中得到广泛应用。心理治疗师运用荣格的方法，帮助个体深度探索潜在层面，

促使心灵整合和个体化的发展。许多心理咨询师和治疗师运用荣格的分析心理学理论和方法，为患者提供了有效的心理咨询和治疗服务。这些实践应用不仅提高了患者的心理健康水平，也为中国的心理咨询和治疗领域的发展做出了重要贡献。荣格心理学在教育领域也得到了应用，研究者关注荣格理论对学生个体发展和学习心理的影响，为教育实践提供新的理论基础。

总体而言，荣格心理学在中国的发展历史表现出多个阶段，从初期的引入到"文化大革命"期间的中断，再到改革开放后的回归和21世纪的学术研究和实践。荣格心理学在中国的研究内容涵盖了翻译与传播、与传统文化的对话、深度心理治疗实践、集体无意识的研究，以及在教育领域的应用等多个方面。然而，荣格分析心理学在中国的发展也面临着一些挑战。例如，如何将荣格的分析心理学理论与中国的文化背景和实际情况相结合，如何在尊重荣格的理论的基础上，发展出符合中国国情的心理咨询和治疗方法等。

2006年9月，第三届心理分析与中国文化国际论坛在广州龙洞洗心岛举行，主题是"灵性：伦理与智慧"。100余位国际心理分析师和200余位国内学者参加。国际心理学会前后五任主席同时出席，国际沙盘游戏治疗学会主席、秘书长及诸多沙盘游戏治疗师同时与会。申荷永教授与默里·斯丹、约翰·毕比（John Beebe）和约瑟夫·坎布尔（Joseph Cambray）等曾在青岛崂山太清宫的千年古树下用《易经》起卦，所提出的问题，正是心理分析在中国发展的未来，得到的卦像是火风鼎卦。

（二）荣格心理学在中国的历史发展过程

在国外的荣格分析心理学领域，对心理分析在中国的发展历史研究还比较匮乏。国外研究以2007年出版的托马斯·科茨的《荣格心理分析师》一书为标志，追溯了分析心理学这门学科与职业从1913年起源直到现在的发展历史，是此类专著的第一本。科茨亲身经历了荣格心理分析师发展历史过程中的许多方面，记录了这个"运动"的历史，以及这个"运动"在世界各地的发展，并对各个地域的发展作了深入叙述，如英国、美国、澳大利亚等。

《荣格心理分析师》中仅仅是在第十七章"在亚洲出现的分析心理学组织"中，提及荣格对中国的心理学、哲学和宗教文化最感兴趣，并没有涉及分析心理学在中国的发展历史。20世纪20年代，荣格与著名汉学家卫礼贤的友情使他深深地迷上了中国的炼金术和道家思想。1929年，他对中国古老的炼金术论著——《金花的秘密》发表了心理学评述。这是荣格对炼金术的入门之作，而炼金术也成为荣格余生中感兴趣的研究主题之一。在《荣格心理分析师》一书中，托马斯·科茨对中国的心理分析发展记载还是"中国与深度心理学的接触比较少，与分析心理学则几乎没有联系。"①

直到20世纪90年代，发生了一件事情，就是时任国际分析心理学会名誉秘书长的默里·斯丹，提出访问中国应该是很有必要的。当时，作为布莱特学者的申荷永在美国访学，在拜访默里·斯丹的时候，他建议国际分析心理学会的代表们，去中国进行一次关于荣格心理学的学术交流。值此，东西方的学者搭建起了荣格国际心理分析协会与中国心理学的桥梁。

在《荣格心理分析师》中，托马斯·科茨为一直以来充满争论的荣格与纳粹、犹太人及犹太教之间的关系提供了新的信息，这是对荣格分析心理学发展历史最真实的初次记录。科茨曾于1989—1995年担任国际分析心理学会的主席，也曾在1976—1978年担任旧金山荣格研究院的主席。1994年8月，他访问了中国北京与广州，并且做了相关心理分析的基本情况报告，同时也讨论了心理分析与道家思想的联系。至此，国际荣格分析心理

---

① 科茨. 荣格心理分析师[M]. 古丽丹，何琴，译. 广州：广东教育出版社，2007：43-44.

学会才搭建起与中国心理学联系的桥梁。在这部著作中，科茨提到了对未来荣格分析心理学在中国发展的展望，荣格深受中国古老智慧的启发，分析心理学与道家哲学之间也存在着历久弥新的深切联系。书中详细记载了申荷永两次到美国访学期间，对荣格分析心理学与中国的连接所做出的努力；记载了第一届心理分析与中国文化国际论坛形成的背景及科研成果；记录了心理分析在中国发展历史早期的卓越学者。

米歇尔·德·塞尔托（Michel de Certeall）在其著作《历史与心理分析》中认为："在思考历史和往昔的关系时，我们不妨采用心理分析的手段，因为'过去'可以被看作'缺席者'，历史研究就是通过些许痕迹去捕捉那一段过去。在心理分析学科建立之初，历史和文学故事曾经就是弗洛伊德的分析对象。小说是心理分析的文学形式；而文学和历史的共性就是所谓'可信性'。"[①]在塞尔托的著作最后，收录了塞尔托对福柯和拉康的论述，探讨前者的环视理论和后者的话语伦理等问题，进一步证实史学和心理分析学科对待文本和他者的态度。塞尔托的这部著作深入研究了心理分析、文学和历史之间的互动关系，虽未具体涉及心理分析在中国的发展历史，但依然是一部史学心理分析的著作。此著作中对于史学研究与心理分析以及文学之间的深入探索和诠释，对研究心理分析在中国的发展历史具有很大的帮助和参考价值，并引发更为深入的心理分析与影视制作、影像记录之间的思考，即在当今现代化的传媒网络时代，心理分析是否可以利用影像技术为史学及人类学作一些实践性的研究和贡献！

米耶尔·德·塞尔托，是法国耶稣会信徒，同时也是一名学者，其著作研究领域涉及历史、精神分析、心理学和社会科学。他以其独特的视角审视史学和心理分析等学科的实质。在其著作《历史与心理分析》中，详细阐述了心理分析和历史、文学、结构之间的关系，讲述了弗洛伊德的

---

① 赛尔托. 历史与心理分析 [M]. 邵炜，译. 北京：中国人民大学出版社，2010：157.

著作对历史的影响。并声称："弗洛伊德对史学的介入几乎是外科手术式的，弗洛伊德打破了个人心理学和集体心理学的界限，并从历史上抓住了危机和历史的关系，他用决定性事件揭示心理病态结构的形成环节；改变了史学的种类，将分析者对自己位置的标定引入史学，这种历史标定是必学的。"他认为史学是一种操作，是一种处于虚构和心理分析之间的学科，是"科学社会可能产生的神话"。塞尔托深入研究了心理分析、文学和历史之间的互动关系。①

托马斯·科茨在其《荣格心理分析师》一书中介绍分析心理学在当代世界上的发展时，对分析心理学与中国进行过描述："在所有的亚洲国家中，荣格对中国心理学、哲学和宗教学最感兴趣。"并且充满自信地指出："荣格深受古老中国智慧的启发，分析心理学与中国文化之间存在着历久弥新的深切联系。"②

国内学术研究领域中，对分析心理学在中国的发展历史记载较少，专门针对心理分析在中国的发展历史及影像记录研究尚属空白。有关心理分析在文学、历史等学科的应用，以及从荣格分析心理学的角度进行历史事件及历史小说的分析和研究居多。荣格分析心理学在中国发展的道路上，许多学者对荣格著作的翻译和研究给中国读者，以及心理分析在中国的发展作出了极大的贡献。

20世纪30年代高觉敷教授在翻译弗洛伊德精神分析的时候，便注意到了荣格与其分析心理学的发展。在19世纪末20世纪初，出版的介绍荣格心理分析理论的著作主要有：钱钟书在其《谈艺录》③中多处引用荣格的

---

① 赛尔托. 历史与心理分析 [M]. 邵炜，译. 北京：中国人民大学出版社，2010：148.

② 胡新. 评《荣格文集》：构建东西方心理学理解的一座桥梁 [N]. 光明日报，2014-02-17（2）.

③ 钱钟书. 谈艺录[M]. 北京：生活·读书·新知三联书店，2007.

第二章 历史与传承：荣格心理学在中国的发展

著作，这对于荣格思想在中国的传播有一定的影响；《荣格自传》[①]曾记录了荣格与胡适等人的交往。之后，美籍华人刘耀中学者从20世纪70年代开始研究荣格，1980年前后陆续发表过有关研究荣格的论文，并出版专著《荣格、弗洛伊德与艺术》。[②]冯川、苏克在1987年翻译出版荣格的《心理学与文学》[③]《荣格心理学入门》[④]，以及《追求灵魂的现代人》[⑤]。自那之后，冯川还出版有《神话人格：荣格》[⑥]《荣格文集》[⑦]等专著和译著。文楚安在1989年翻译《荣格：人与神话》[⑧]；张月在1987年翻译《荣格心理学纲要》[⑨]；刘韵涵在1988年翻译《荣格心理学导论》[⑩]；史济才在1988年翻译了荣格的《人及其象征》[⑪]；成穷和王作虹在1991年翻译出版荣格的《分析心理学理论与实践》[⑫]等。

1985年高觉敷教授特别邀请荣格访问南京师范大学，并让申荷永教授担任翻译，这是荣格分析心理学在中国的第一次实际体验。在此之后，中国心理分析以申荷永教授为代表，出版了诸多荣格心理学及分析心理理

---

① 荣格. 荣格自传［M］. 陈国鹏，黄丽丽，译. 北京：国际文化出版公司，2011.

② 刘耀中. 荣格、弗洛伊德与艺术［M］. 北京：宝文堂书店，1989.

③ 荣格. 心理学与文学［M］. 冯川，苏克，译. 北京：生活·读书·新知三联书店，1987.

④ 霍尔. 荣格心理学入门［M］. 冯川，译. 北京：生活·读书·新知三联书店，1987：24.

⑤ 荣格. 追求灵魂的现代人［M］. 冯川，译. 贵州：贵州出版社，1987.

⑥ 冯川. 神话人格：荣格［M］. 武汉：长江文艺出版社，1996.

⑦ 荣格. 荣格文集［M］. 冯川，苏克，译. 北京：改革出版社，1997.

⑧ 布罗姆. 荣格：人与神话［M］. 文楚安，译. 郑州：黄河文艺出版社，1989.

⑨ 霍尔. 荣格心理学纲要［M］. 张月，译. 郑州：黄河文艺出版社，1987.

⑩ 福尔达姆. 荣格心理学导论［M］. 刘韵涵，译. 辽宁：辽宁人民出版社，1988.

⑪ 荣格. 人及其象征［M］. 史济才，译. 河北：河北人民出版社，1989.

⑫ 荣格. 分析心理学的理论与实践［M］. 成穷，王作虹，译. 北京：生活·读书·新知三联书店，1991.

论与实践的相关著作。但是有关心理分析在中国的发展历史的学术论文及著作几乎是空白的。国内具体记录心理分析在中国发展的历史事件的著作，主要是以申荷永教授的一系列专著及评论性文章为主，包括《洗心岛之梦》[①]《三川行思：汶川大地震中的心灵花园纪事》[②]《黑塞之〈悉达多〉》[③]《以佛医心》《德行深远》《明天，你要去震区》《十年一梦》《尼泊尔之行》等。2015年，《心理分析在中国发展的历史起源》[④]的论文得以发表，可以说，这是第一次记录心理分析发展历史的学术性论文。自1998年至2015年在中国共召开的七届心理分析与中国文化国际论坛，产生了大量相关学术研究成果和影像数据，亦是研究心理分析在中国的发展历史的宝贵史料和研究资源。

《洗心岛之梦》是申荷永教授对中国文化心理学，以及心理分析在中国发展的深刻体验，书中确定了以中国文化为基础的心理分析理论基本原理："洁静精微，极深而研几；探赜索隐，钩深致远。易之洗心与洁静精微，易之能研诸虑能说诸心，正是我当初为之倾心的缘故。即使单从字面，也不难看出其中所包含的心理学意义。"易学家刘大钧先生曾反复启迪申荷永老师"易之无心之感"，并将洗心岛的对联"洁静精微以洗心，退藏于密以感应"改为"洁静精微以洗心，退藏于密以咸胕"。该书由申荷永教授的梦作为指引，记录了其自1994—2004年，对梦与心灵体验的整个过程。

《洗心岛之梦》这本著作中涵盖大量的历史图片，用影像数据呈现着早期心理分析，以及中国文化心理学发展的历程和相关人物，是心理分析

---

① 申荷永. 洗心岛之梦[M]. 广州：广州科技出版社，2011.

② 申荷永. 三川行思：汶川大地震中的心灵花园纪事[M]. 广州：广州科技出版社，2009.

③ 张敏，申荷永. 黑塞与心理分析[J]. 学术研究，2007（4）：44-48.

④ 范红霞，籍元婕，申荷永. 心理分析在中国现代发展的历史起源[J]. 晋阳学刊，2015（5）：139-141.

在中国发展与历史研究的重要史学档案。

从20世纪30年代由高觉敷教授予以关注，直至1993年国际分析心理学会第一次到中国访问，才揭开荣格分析心理学在中国发展的历史序幕。自1993年发展至今的30余年中，心理分析学科虽然在学术理论上取得了丰硕的成果，但直到2018年，《心理分析在中国：中国心理分析的历史发展研究》这本专著的出版，才正式将分析心理学在中国近30年的发展过程进行学术整理和研究。这本著作记录了分析心理学在中国这片大地上其理论发展及构建的过程，分析心理学与中国文化相融合，接触并整合荣格之后的三大学派传承人，包括亚考毕代表的经典学派；托马斯·科茨、约翰·毕比所代表的发展学派；詹姆斯·希尔曼（James Hillman）的原型学派。

为了2008年"5·12汶川大地震"之国殇中受难的同胞和破碎的山河，申荷永教授撰写了《三川行思：汶川大地震中的心灵花园纪事》一书。书中记录了心灵花园志愿者作为心理分析团队，在大地震发生后的第一周即赶赴四川震区，支持震区的主要事迹，并将心理分析主要技术"梦的工作"之治疗过程予以呈现。在此著作中，将心理分析在中国的发展引入了生活本身，引入了心理分析与中国文化的专业实践，引入了对文化原型和文化心灵的实际体验。书中记载了汶川地震前，多个人梦到有关"羊"的梦境。《三川行思：汶川大地震中的心灵花园纪事》的记载和心灵花园的实践，不仅仅是一般意义上的心理援助和志愿者行动，也是文化原型、文化心灵的实际接触和对文化心灵所特有的复原力的领悟；在这种感受和体验中，借助于中国传统的文化原型，提炼出适合心理分析与中国文化的方法，并将其付诸实践。可以说，分析心理学在中国与中国传统文化之精髓相融合，渊源已久。

（三）东西方文化与无意识心灵的深度融合

《易经》有云："咸，感也。……天地感而万物化生，圣人感人心而天下和平，观其所感，而天地万之情可见矣。"中国传统文化是荣格分析心理学在中国发展的土壤，孕育了心理分析与中国文化之间"意识"与"心灵"的对话。1994年，托马斯·科茨担任国际分析心理学会主席，默里·斯丹担任秘书长，他们代表国际分析心理学会开始第一次访问中国。这一项目的开启，标志着荣格分析心理学在中国的正式发展。

第一届心理分析与中国文化国际研讨会于1998年在中国召开，以"《易经》与心理类型"为主题，大会论文集以《灵性：分析与体验》为题目出版。第一届心理分析与中国文化国际论坛以泽山咸卦的意象象征及意义为主题。也正是由咸卦中的感应心法，荣格心理学叩开了在中国萌芽和发展的大门，架起了中国古老文明与现代西方文明之间的文化交流平台，是中国人集体无意识的选择，是意识与无意识的融合与相知，更是意识与心灵的相遇。在第一届心理分析与中国文化国际论坛期间，约翰·毕比讲述并分析了自己的一个梦。笔者通过对仅存的第一届心理分析大会视频资料进行整理和研究，在经过约翰·毕比老师许可的前提下，将其整理并记录了下来。

我到了一个房间。椅子上坐着一个中国女人，穿着简单。房间很空，她看起来不开心。她的丈夫是个赌徒，输掉了所有的钱。当时我的分析师帮助我分析这个梦，事实上进行了一些自由联想。梦中的女人是做洗衣工的，而现实中，在我住所附近有一个中国女人，她比较内向。梦中这个女人是一个比较现实，感受型的人。梦中这个女人的特质在我的性格当中，并不是很多。

人的心灵内部都会有我们未知的部分。在梦中会以另一种性别的角色出现，或者是以我们陌生的文化出现。所以，梦中这个女人，代表了我未知的一部分，我并不了解。梦中那个赌钱的丈夫又是谁呢？那是另一个自我。现实生活中，我并没有赌钱，但是在赌我的能量和精力。我是一个精神科医生，为自己的梦想和机会兴奋。兴奋到忘记复习，因为缺氧而头痛！梦中的中国太太是洗衣工，清洗我的衣服，也是象征了我需要用原型

第二章 历史与传承：荣格心理学在中国的发展

理解梦本身。在现实的咨询工作中，我通常仅仅停留在病人讲述梦的内容上。通过我自己这个梦，我学会感受病人说不出来的部分。感受比通过原型去解释梦的意义更有效。

荣格理论的阿尼玛，代表我们另一个灵魂。我们也许会想象阿尼玛是非常漂亮的明星，但也许阿尼玛是我们内心一部分不愿意给别人看到的部分。她住在我们内心深处，是另一个自己。我们有必要对另一部分自我负起责任，而如果想跟另一部分内在建立关系的时候，就是人格整合的开端，也是个性的"德"。梦可以告诉我们是否融入了"道"。如果内心没有基础，"德"就不能实现。荣格说，这个基础是心灵真实感。在尼采等哲学家之后，荣格是研究深度心理学的专家，在潜意识中拥有自我的独立性，有其内在独立的思想。荣格是第一个提出梦中蕴藏巨大能量的人，他指出心灵并不是实在的，心灵潜意识会替我们防卫一些外在的危险和不安全。但是心灵潜意识是真实存在的，梦中出现的意象都是真实的。如果不是存在于内在世界，就不会在梦中显现。

荣格相信心灵潜意识的真实存在，就如我梦中这个中国女人，让我更加了解中国传统文化以及哲学。《易经》中有原型的图画，《易经》中的64个卦象让我们看到个人的意义。荣格认为，《易经》卦象与西方人的梦中的意象都可以表现同样的内容。

前往汉德森老师家的前一天，我做了一个梦，是关于父性情结的：我在等待汉德森老师时，我看到自己像个女孩子一样，这个女孩子是被我拒绝的一个人，她的名字是Grase。我想知道《易经》对我有什么启示，我梦中就出现了荣格的图书馆。在我自己的贪婪之下，希望在书里有更多的心理学知识。当我看到心理学的时候，我却迷失了方向，到图书馆关门的时候我才找到荣格那一排图书的地方。由于图书馆要关门，所以不能再停留，我就随便拿了一本书出来，却是一本很薄的《英国礼仪》。汉德森老师听到这个梦，告诉我："荣格当时与一个病人作分析，那位女士是非常具有礼仪的。她是不仅对荣格有礼貌，而是对她自己梦中的每一个部分都非常客气。"孔子讲"礼",《易经》的序言中也有提到过"礼"。孔子看《易经》的时候，第三十二卦的内容中就涉及了礼貌，即做事情要识大体。其实我自己的心灵在拿到那本书的时候，已经告诉了我一件事。就是我能够理解不同的心灵层面，例如阿尼玛。所有有智慧的人，要知道，我们每一个人都需要有宽容的心，我们需要用文化的态度接触我们的心灵潜意识，要不然就不要碰它。

荣格在人生读的最后一本书是禅宗的书，讲述心灵是纯净的。只有心灵纯净，人才能入道成佛。而西方人理解心本性这个词的时候，会感到迷茫不解。我们非常感谢荣格，他的思想帮助西方人理解东方文化，及禅宗的关于心灵本性的主张。我们需要的是体验自己的内心世界，在当代的心理治疗当中，提供一种心灵空间，一个安全与自由的保护空间，是当代人倾诉心灵的空间，也就是心理治疗的意义。

第三章　整合与体验：荣格心理学在中国发展的意义

《周易·序卦传》："革物者莫若鼎，故受之以鼎。"鼎之为用，所以革物也。变腥而为熟，易坚而为柔，水火不可同处也。能使相合为用而不相害，是能革物也，"鼎"所以次"革"也。取其相者有二，以全体言之，则下植为足，中实为腹，受物在中之象，对峙于上者耳也，鼎之象也。以上下二体言之，则中虚在上，下有足以承之，亦鼎之象也，即所谓：鼎，元吉亨也。① 上经"颐"言养道，曰圣人养贤以及万民。然则王者之所当养，此两端而已。下经"井"言养，"鼎"亦言养，养民之象也。"鼎"在朝庙之中，燕飨则用之，养贤之象也。这便是中国心理分析发展过程中东西方文化交流与沟通之意义所在。

一、得心应手，观感化物

（一）意识与无意识的碰撞与感应

《易》立初六应九四，无亨吉之义，盖以初六乃才德之卑，应四有

---

① 李光地. 康熙御纂周易折中［M］. 成都：巴蜀书社，2013：145-146.

援上之嫌，故于义无可取者。唯"鼎"之义，主于上之养下，上之养下也，大贤故养之矣盛世所以无弃才，而人入于士君子之路者，此也，故观《易》者知时义之为要。其中九三鼎耳革，其行塞，雉膏不食，方雨亏悔，终吉变爻而有了水火未济。贞吉无悔，君子之光。未济即既济，未济与既济互体往来，实有共通之妙用。于是，既济是"完成"，未济也包含"开始"。周而复始，天道自然。于是，从"咸"至"观"，至"鼎"，至"未济"，在这《易经》的卦象和意象中，已是包含了心理分析与中国的过去、现在和未来。

心理分析在中国发展的30余年中，国际荣格分析心理协会与国际沙盘游戏治疗协会给予了中国很大的专家团队支持。自1994年至今，已经有数十名资深的国际心理分析师、国际沙盘游戏治疗师不远万里来到中国，进行学术交流，以及给中国的学生们传道授业。其中不乏年近七旬的老者，他们都深深地热爱着荣格分析心理学，孜孜不倦地为心理分析在中国土地上的孕育贡献着自己的力量。在他们的共同努力下，心理分析在中国文化背景下得以孕育萌芽，心理分析团队规模日益壮大，羽翼渐丰。

心理分析在中国的发展过程中，成功举办的十届心理分析与中国文化国际论坛，犹如一朵心灵之花慢慢绽放。从"理解与体验""意象与感应""伦理与道德"到"集体无意识的文化创伤"等方面层层剖析，展现着东方智慧的心灵之光。研究心理分析在中国的发展历史，不仅关注心理分析的发展以及心理分析师的成长，更重要的便是发现与探索影响心理分析在中国快速发展的因素。中国传统文化是荣格分析心理学在中国发展的土壤，孕育了心理分析与中国文化的精髓——中国文化心理学，即"头"与"心"的对话。1994年，正是托马斯·科茨担任国际分析心理学会主席，默里·斯丹担任秘书长的时候，他们代表国际分析心理学会访问中国，开启了分析心理学在中国的正式发展。高岚老师曾经讲述过这期间一个感人的故事。

当时在广州，高岚老师负责安排访问的后勤工作，她带着儿子帮托

第三章 整合与体验：荣格心理学在中国发展的意义

马斯·科茨等专家去买去北京的飞机票，途中发生意外，高岚老师的项链被人抢走了。儿子那时还小，他很生气地问："为什么要去给他们买飞机票呢？"因为他知道，同样是去北京，高岚老师给申荷永老师买的是火车票。在当时，对我们中国来说，作为国际分析心理学会主席和秘书长的大师们，在学术研究上已走得很快很远。相比之下，我们中国分析心理学的发展则显得还在山脚下，蹒跚而行。为了荣格和分析心理学，申荷永教授和高岚老师在异国他乡居住了差不多10年，其间申荷永教授成为具有国际资质的心理分析师，学成回国。他们也曾犹豫过，是留在美国，还是回来，并为此有过讨论。申荷永教授最终决定回到祖国，他说："若是国家发展得好，谁会愿意流落异国他乡；退一步说，若是国家情况不好，会有许多苦难，那么，我们也应该有苦同当，不应隔岸观火。"当这一家人在整理回国的行李时，书籍占了大部分，而其中多数封面上都有荣格的名字。

申荷永教授的儿子知道回国要装进箱子的东西是有限的，或许也希望能为他多带些喜欢的玩具，于是便问申老师带这么多荣格的书干什么。

高岚老师对他说："你爸爸是荣格心理分析师了，我们在国外这么多年，也都是为了他，为了把荣格心理学带回中国。"

尽管高岚老师并不认为孩子会真的明白，但孩子却很认真地说："那好吧，我们就把荣格带回中国。"

在此基础上，第一届心理分析与中国文化国际研讨会得以在中国召开，以"《易经》与心理类型"为主题，大会论文集以《灵性：分析与体验》出版。1998年，当第一届心理分析与中国文化国际论坛开始之际，申荷永老师及其团队也对《易经》进行探讨，得到的是泽山咸卦。在第一届大会上我们所获得的滋养，也正是咸卦中的感应心法："咸，感也。……天地感而万物化生，圣人感人心而天下和平，观其所感，而天地万之情

-73-

可见矣。"[1]并由此叩开了分析心理学在中国的大门，架起了中国古老文明与现代西方文明之间的文化交流平台，是中国人集体无意识的选择，是意识与无意识的融合与相知，更是心理分析之"意识"与"无意识"的相遇。

第一届心理分析与中国文化国际论坛的开展，与托马斯·科茨1994年在华南师范大学作的"荣格与道"的报告密不可分，这项报告实际上是荣格与中国的第一次对话。默里·斯丹博士是下一届国际分析心理学会执行主席，在此次交流之后，便提出中西交流的设想。正如默里·斯丹所描述的："我们以国际心理分析协会正式代表的身份来到中国。我们很想知道，在这个已经向世界开放的辽阔的文明古国，我们将会发现什么？我们意识到，如果这次我们与所要会见的中国学者之间的接触进展顺利的话，那么这将成为荣格分析心理学与中国学术界进行交往的一个历史事件。"

荣格给《易经》写的序是非常有价值的，包括对"道""德"的看法，不仅讲到思想的历史，也讲到为人处世的方法。在西方，人们已不仅仅是了解老子等哲人的思想，更追求如何从现实中体现"道"。传统上，西方人会来到东方分享一些智能，像是达摩传道。一个荣格分析者，在成长的道路上需要很长一段时间去进行自我分析与工作，犹如探索人生的意义。约翰·毕比是《易经》与荣格心理类型的专家，他在第一届心理分析国际论坛上对荣格心理类型做了详尽的讲述，并透过分析其老师及自己的真实梦境，探讨东西方哲学与文化的相遇，证明了中国古老的文化对荣格分析心理学的重要意义。

约翰·毕比在第一届大会上报告的梦：学校里有一个非常醒目的塔，是精神学习的标志，还出现两个男女，在塔上摔跤。从荣格的角度看，这个意象象征着自我内在心灵的两个部分的争斗。梦中两个人在塔楼上，距离地面很远。这也表明了我们内心的争斗是可以通过梦真实存在的。这个

---

[1] James L. Book of Changes [M]. Changsha: Hunan Publication, 1992: 138-141.

第三章 整合与体验：荣格心理学在中国发展的意义

梦里面表现了中国文化的"天、地、人"。老子之"道"是上善若水的道路。《易经》第二卦中讲述"道"之原理就是源远流长，没有什么能够阻碍，而真实却是非常遥远的。荣格并不赞成西方哲学之间不停地争执，认为接近自然，天人合一才是真理。这与中国之"道"如出一辙。

荣格理论提示我们，不能一直生活在不真实之中，这就是"道"。人们的选择是从内心涌现，而这个过程就是"德"。约翰·毕比的另外一个老师是汉德森博士。汉德森老师是荣格的跟随者，在1929年就与荣格相识。从荣格原型层面的投射理论方面看，汉德森老师活在自己的真实世界中。汉德森老师告诉我们：人们时常焦虑一个人真实是什么样，而不是我们希望或者幻想是什么样的。这种焦虑来源于自己的弱势人格，通过原型的工作可以缓解焦虑。成长的过程需要经历自己的软弱，这也是老子的智慧给予荣格的启发。荣格的书中讲述了很多原型与神话故事，但是书本不能带来心灵的成长。心灵的问题，不能用头脑去解决。在第一届大会上，在约翰·毕比的梦中，更是早已深埋了东西方心理分析交流的种子。

中国文化心理学的产生与申荷永教授将"心理分析与中国文化"作为一门专业学科密不可分。申荷永教授梦中的"头"与"心"更是心理分析与中国文化的灵性之交。《洗心岛之梦》记载了申荷永教授对其"头"（意识）与"心"（无意识）的心斋体验。1993年12月5日凌晨，在从圣路易斯开往洛杉矶的西行火车上，申荷永教授做了"头"与"心"的梦，这个梦是心理分析在中国发展过程中最早期的心灵之源。申荷永老师及几位著名荣格分析师对此梦的分析和理解：梦为心灵，梦为感应，梦中亦有转化。不论是庄子齐物，还是"寓于山中置木于水"的箴言，都在1993年的南伊利诺的森林中埋下了中国文化心理学的种子。

此梦之后，申荷永教授便把前十年所学的西方心理学，归之于"头"或"脑"，而把对中国文化心理学的追求，归之于"心"，归之于心的超越及其境界。谨守中庸之道，执其两端而用其中。老子说："万物负阴而抱阳，冲气以为和。"在这"执中"与"中和"之中，便蕴含了我们心理分析与中国文化的本质和要义。①

在中国的心理学发展过程中，当用中文的"心理学"翻译引进了西方的"psychology"之后，我们获得了西方的大脑和意识层面的思考，但却丢掉了自己本来的心及其意义。即使是西方的心理治疗，也在不同的程度上将大脑作为工作重点。而对于中国人来说，即使不是心理学家，也都知道"心病还须心药医"的道理。纵观西方心理学的历史，以生理心理学和心理物理学的发展为起点，心理学似乎是有了"双腿"。在西方心理学发展的历史轨迹中，有精神分析心理学、人本主义、行为主义和机能主义心理学、格式塔心理学，以及衍生出来的管理和行为科学等。心理学的应用得到了发展，也逐渐有了"躯干"和"手臂"，似乎是逐一完备，也有了认知作为心理学的"头颅"。但在此存在一些质疑：心理学需要心吗？不管西方的心理学家将如何回答，对于采用了汉字"心理学"来表示这一学科的中国心理学家来说，这"心"及其意义却是我们始终要面对的一个问题。

至此，申荷永教授为完成"以心为本：心理分析与中国文化"付出的努力，促使心理分析与中国文化在分别数百年之后，首次相遇与相知。

（二）《易经》与"道"对荣格心理学的影响和意义

关于心理分析与《易经》的历史渊源，根据第一届心理分析与中国文化国际论坛的录音，笔者对这段珍贵的现场学术讨论，进行了相关内容的整理，作为史料予以呈现。

从周代开始，《易经》就以周卦8个，别卦64个的形式一直流传下来。其变易的性质不仅使得《易经》本身包罗万象，也使得关于《易经》的发展变化出新的理论和学说产生成为可能。《连山》《归藏》虽然基本上失传，但《周易》仍然不断地变化发展，可以说是"道气同体"。周易

---

① James L. Book of Changes [M]. Changsha: Hunan Publication, 1993: 138–141.

第三章 整合与体验：荣格心理学在中国发展的意义

产生之初，就其所蕴含的方法和理论而言，即自然是道。

以《易经》第三十七卦颐卦为例来说明，"观颐，自求口实"这是关于农业的专门卦。作者首先提出要自养的理论，之后提出解决的办法，并且通过正反两面反复讨论这一主旨，用了食物或者暗示饮食的词汇，形容吃饱了的面颊像一朵开放的花儿一般。通过比喻、模拟等联想，满足占卦人想满足口食之欲的心理。

《易经》系统著作里，有许多卦象所给出的象征词汇往往数百种，足够占卦者联想使用。这种关联、模拟的思维方法，似乎不合逻辑，却赋有强化感觉、直觉功能，激发无意识和集体无意识的自然呈现。《易经》正是运用这些形式和方法让人通过卦画、卦辞、爻辞以及辅助性的说明，去进行积极想象。更重要的是，《易经》在用于占卜预测时，更注重其操作性和艺术性。一切的结果并非直白的宣告，更多的是通过上述的方法和形式开启人们通往无意识之路，而整个《易经》的系统，一般程度上正是依赖于人们的集体无意识而得以产生、存在和发展的。

《易经》六十四卦中的相当一部分是古人占卜的记录，亦可说是古人历史无意识的记录。《易经》中有很多梦分析的经卦，如咸卦等。与《易经》同时流行的三兆之梦占，与《易经》不是一个系统，但也可做现代心理分析学家进行分析的材料，其作用是显而易见的。

关于移情和投射，荣格在说到移情的时候，特别提出移情是发生在两个人之间的一种心理作用，而不是发生在人与物质的客体之间。基于此，荣格认为移情是必须消解的，因为非人格内容的投射是一种有害的无意识的心理作用，所以意识便会有意识地摧毁它。然而，从《易经》的中国传统文化认识的角度，可以有不同的理解方式。西方哲学强调主客体分离的哲学文化，因此，从主客体分离的角度，荣格教授对移情、投射的心理分析的理解是正确的。但是中国传统文化与西方哲学文化不同的一点，恰恰是中国古代的哲学与文化是一种主客体不分离或者是并不主要强调主客体分离的哲学文化，正因如此，《易经》企图证明宇宙包括自然界和人类社会是一个有连贯性的整体，故"天下殊途而同归"。

"洁静精微以洗心，退藏于密以咸应。"在每一个人的内心深处，都有一个未知的部分，有待我们去发现，也许是一个岛屿，也许是一片森林。我们的心如大海，也如天空，其中也应该有我们的心灵港湾。"洗心"之名源于《易经》，其系辞中说："圣人以此洗心，退藏于密，吉凶与民同患，神以知来，知以藏往。"孔子曰："洁静精微，易之教也。"易之能研诸虑能说诸心，此为心理分析与中国文化的无尽源泉。于是，洗心是为了赞美，赞美自然和每一个人内心深处的神性和灵性。洗心，也是为了忏悔，在忏悔中获得自我救赎的机会。心者，生之本，神之变也。"人心惟危，道心惟微；惟精惟一，允执厥中。"由此感天人合一，复见其天地之心，中国道统之本，心学之源，是分析心理学在中国的传承与实践。[1]

第四届心理分析与中国文化国际论坛，于2009年4月在上海复旦大学光华楼举行，大会主题是"心理分析中的意象：积极想象在文化和心理治疗中的转化作用"。知人者智、自知者明，明心见性，方能破茧成蝶，获得心灵所能达到的境界。在《易经》中可以用天象来说明人象，用天道来论说人道，反之亦然，二者密不可分。这种人立于天地之间，是自然的一部分的思想与儒家的"天人合一"、道家的"天地与我争，万物与我为"的思想有同样的认识和表现。在这样一种思想文化背景之中，"不言我喻物，而言物引我；不言物感我，而言我憎物"的移情心理，无论是处于无意识还是有意识的无意识状态的心理作用，都不一定都是有害的。第一届心理分析与中国文化国际论坛提出《易经》与心理学、中国传统文化与西方心理学的"联姻"是可信和可行的。荣格在分析心理学理论中，曾经提出并论述诸如词语联想、积极想象的方法，以及宗教、神话、传说与原始意象的联系，感觉、思想、直觉、无意识和集体无意识、移情的作用与梦

---

[1] 申荷永. 洗心岛之梦[M]. 广州：广州科技出版社，2011：73-75.

的分析等理论和方法。众所周知，这些已经是荣格理论思想的重要概括，而荣格讲述的这些理论和方法，在《易经》中也能得到印证。

（三）分析心理学是心理咨询及临床应用的重要基石

2002年9月在广州举行的第二届心理分析与中国文化国际论坛，则有《易经》之第三十卦"观"卦之主题意象。临观之义，或予或求。观国之光，有孚颙若。观于人文以化成天下，从而能有观感化物的心理分析实践。该大会主题是"灵性：意象与感应"。第二届大会有50余位心理分析师和100余位国内学者参加。时任中华人民共和国卫生部副部长黄洁夫教授发来贺词，其中提到："心理分析是心理治疗以及临床心理学的重要基石，结合中国传统文化研究心理分析有着深远的意义，必能促进心理分析学术研究的深入。通过国际之间的相互学习和交流，我国心理分析及文化心理学必能不断发展，并能发挥其积极的心理教育和促进人们心理健康的作用。"

在荣格分析学的工作中，也有人试图将"道"融入其生活和工作之中。"道"是一种超个人的力量，就像是一种"生活流"。你可以感受它，像感受身体一样。心理咨询过程中，在来访者和治疗师之间狭窄的关系空间中，如果引进了"道"这种超自然的生活流，就可以得到长期的治疗效果，因为"道"可以确证每一个人的身体和能量。在"得道"的治疗模式当中，有一些生活的质量可以被感受到，如关注、在场、幽默、共情等。

例如在抑郁病人的治疗过程中，如果他能感受到"道"的生活流，病人就会产生新的希望。但是与"道"的契合并不是自然发生的，他需要实时的恩惠和个人的时机。想达到这种契合的时机，就需要我们平时多让自己处于"静"中，锻炼自己的专注力、直觉等。一般说来，经过长期的修行和生活中的修持，可以不断地接近潜意识。如果我们的潜意识和意识不再打架而是处于和谐状态，那么灵感就很容易产生在意识中。Drive强调

"直观"这个观念,"直观"需要一种特殊的态度,这种态度使得我们能够心静、集中,能够达到更高的意识层次。这需要个人体验的一种升华,"直观"使我们与"道"契合,仅靠集中精力和意识状态的提高是不够的。①

"道"是一种生命流,这种假设是指"道"是一种宇宙的基本流动,即人可以在生命中进入或契合这种生命流,也就是说"道"是一种真实的生活或生命流。在几乎所有的精神疾病当中,都把主客体的分离作为一个最明显的特征。荣格曾经说过:整体的现实包括内在的真实,一旦我们人靠近了内在的真实,这个整体的真实就不再是主客体分离的真实,我们就能够取得生活的真实意义,而不再纠结于精神疾病。威尔海姆曾经将中国的"道"翻译为"意义"。

直觉是荣格心理学的重要概念。直觉怎么发生、如何看待直觉和理解直觉,是荣格运用的主要方法。直觉令我们客观地意识到"道"是一种直观的生活流。荣格有一个重要概念:自性化。荣格认为自性化是一种重生,是一束光,所以荣格认为自性是神性的生活,是生活在神里面,这种神性的现实在生活中,就是生活在"道"中。个人在成长过程当中,学习这种直觉的能力实际上是一种形而上的能力,作为一个基本立场,这种直觉要求我们采取一种宗教的立场和态度。这种态度限制了意识成为统治地位,使得人性保持开放,去聆听内在的声音。修炼这种直觉的能力,就是认真对待它,尤其是在当下认真对待它。荣格在其《潜意识心理学》这本书中曾经说过:"潜意识不是心理学家或是医生可以独霸的一种固定的方法,说到底它是一种生活的记忆。这种心理活动的记忆可以让我们修炼我们的身心,在我们心灵伤口愈合之后还要继续生长,来增长我们自身的成长和发展,而且也会增长我们周围万事万物的生长。"就我们的理解来

---

① 1998年,Drive在第二届心理分析与中国文化国际论坛的讲稿——《道在心理治疗中的应用》。

说，心理分析是一种生活的艺术和记忆，它的治疗效果依赖于当事者在做一件事时的心态。这种治疗可以采取两种方式：一种就是有主题的治疗，以理性的方式；另一种是自发地去抓住实时的生活感受，感受实时生活的质量，发现感受当时的"道"。

在日常的治疗实践中，以上两种形式是交错进行的。出现移情时，需在过去和将来进行理性治疗。在实践当中，有时可以停止理性的治疗，可以让来访者感受一下此时此刻的"道"，治疗师可以借此时，去尝试着理解来访者的直觉。此时的治疗关系已然不是狭窄的"一对一"的关系。还有第三种方式：让生活流，即"道"参与进来。来访者和治疗师此时有可能会感受到灵感，也就是"道"的参与。此时此刻出现的"道"对于来访者和治疗师各自的体验是不同的。这不是外在的声音，而是两个人的感觉产生的协调与共鸣。在此过程中，也许会出现移情。

移情本身也是一种症状。在团体咨询中，有一种方法可以感受集体感受到的"道"，就是让小组成员表达自己此时感受到的"道"，这种方法是可行的。例如，让小组成员都不讲话，闭上眼睛，体验此时脑海中的画面或者想象。在实践当中，病人从六神无主到拥有自信，这也是"道"的体现。作为结论，有这样一个假设：一次心理分析，如果不只是在"道"的里面进行，或者说如果不指向"道"的交流与感悟，不用"道"的光照亮，那么这个分析所产生的结果总是指向一个新的潜意识，就是另一种心理障碍。这种新的潜意识可能会与原来旧的潜意识稍微有一些区别。那么分析就没有目标，就是无休止地分析下去，不能达到共同的目的。

第二届心理分析与中国文化国际论坛，主要进行了"道"与心理分析在深层内涵上的探究与讨论，正所谓："易者，圣人以此洗心也。"意在说明人的心灵基础同"道"。"道"在心灵内部一直存在，犹如《易经》之"阳"。心灵发展须恢复到心灵基础，才能够上升，让潜意识自然涌现。基于"道"与心理分析的深层内涵语言意义，笔者采访了丹霞山极乐寺住持——定空法师（图3-1）。

图3-1　定空法师

定空法师专访纪实，2015年5月22日，澳门城市大学。

问题1：定空师傅，您好，您与心理分析结缘是在参加第二届心理分析与中国文化国际论坛的时候，您能讲述一下当时的感受吗？

定空法师：那是在2002年的广州，召开第二届心理分析与中国文化国际论坛的时候，那是我第一次接触心理学，也是第一次接触心理分析。当时我记得很清楚，在广州，有很多来自北京的专家讲《庄子》《易经》，我才知道心理学并不是我以前理解，或是所知道的那个样子。在参与的过程中，我就产生了很多想法，包括当时有沙盘游戏的工作坊，我也参与了。在老师的介绍和指导下，我感觉心理分析更关注人的内心世界，在这方面也是更为突出的。这与佛教的教义的内容是互通的。可以说第一次参加这个活动，更多的是喜欢，也产生了浓厚的兴趣。第二届大会并不是很长，大会发言都比较短，但是给了我一个非常深刻的印象，就是让我对心理学，特别是分析心理学有了一个重新的认识，我感觉到了心理学的意义和作用是比较大的。对我个人来说，我很愿意参与，所以后来的几届会议我都有参加。而我作为一个佛教徒来讲，希望能够通过这样一个通道和平台将佛法与当前的社会紧密结合，心理分析给我提供了很好的交流的平台，心理分析可以直接地对社会发生作用，这也是我对心理分析的一种感受。

第三章 整合与体验：荣格心理学在中国发展的意义

问题2：从您的角度，您是如何看待佛法与心理分析的发展之间的关系呢？

定空法师：就目前来看，我更愿意用佛法代替佛学，因为佛学仅仅是学术上的一种研究，而佛法更多的是涉及应用的内容。我的一个想法，不管它是不是成熟，至少是我现在的一个想法：分析心理学与佛法是相通的，心理分析可以更为直接地应用在人们的现实生活中。我们都知道，现在大家的生活都比较紧张，生活压力比较大，人们需要一些方法来辅助。佛法对大家来说感觉都比较高深，这至少是一个普遍的认识。那么是否能够有一种更为简洁明快的方法来帮助人们缓解自身的压力呢？心理分析是一种很好的中介平台。而佛法的参与，也会丰富分析心理学在中国的发展和应用，这两者是互补的，并且可以成为一个合作双赢的工程。

问题3：对心理分析未来在中国的发展，您有什么样的展望呢？

定空法师：我的期望也许比较大一些，我希望心理分析在中国的未来能够形成真正的中国风格！真的成为中国的心理学，一种中国的方式。因为只有这样，才能够让心理分析的意义发挥作用，而且我觉得心理学真正存在的意义就是发挥它的作用，能够对大家的生活起到帮助，能够真正融入大家的生活中。大家都知道，中国人的心态是在中国文化背景下产生的一种文化心理机制，这跟西方人的是不一样的，所以西方式的心理学在中国应该找到一种中国式的心理学说，或者说中国人本有的一些文化应该融入里面去。我觉得这两者可以很好地结合，所以我希望心理分析能够成为中国心理学的一种方式，能够成为一种能够真正代表中国心理学的流派。

荣格心理学的大部分学者认为，人出生的第一件事情就是与所处的环境相遇。可如若去一味适应环境，就有可能忘记心灵的基本功能，这样我们就有可能变成单面之人。《大学》中讲："知而后能定，定而后能静，静而后能安，安而后能德。"荣格心理学对大学之道，在明明德，在心灵有更深层次的分析和研究，使科学与心灵共同发展，即君子之道。孔子曰："大学之道，在明明德"，即提出自己的"道"。荣格所谓"自性

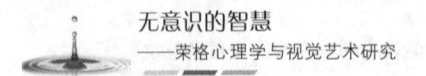

化"包含心灵的完整性与转化，所谓人能同"道"。

二、贞吉无悔，君子之光

（一）分析心理学之伦理与道德

如果说西方文化是在描述外在的世界，东方文化往往侧重于描绘内心的感受，同时也会描述外在事件的发展历程。佛教文化阐述得更为全面，讲述内在世界的变化过程，而西方文化讲述人的外在活动带来了物质实体的改变，在这两者中间没有形成对应的关系。心理分析出现之后，可以将这两者结合，犹如当一个人有了外在活动之后，会引起心理反应，当这个心理反应固定化之后，亦会带来一个身体的改变，这样便能将人的身体、心灵与外在世界完全统一起来。而目前，这种统一处于割裂的状态，心理分析与中国文化国际论坛的意义便在于将道家、佛家、中医学等东方文化与西方文化融合。

2006年9月，第三届心理分析与中国文化国际论坛在广州龙洞洗心岛举行，主题是"灵性：伦理与智慧"。100余位国际心理分析师和200余位国内学者参加。国际心理学会前后五任主席同时出席，国际沙盘游戏治疗学会主席、秘书长及诸多沙盘游戏治疗师同时与会。申荷永教授与默里·斯丹、约翰·毕比和乔·凯布雷等曾在青岛崂山太清宫的千年古树下，用《易经》起卦，所提出的问题，正是心理分析在中国发展的未来，得到的卦像是火风鼎，其中九三变爻而有了水火未济。贞吉无悔，君子之光。未济即既济，未济与既济互体往来，实有共通之妙用。于是，既济是"完成"，未济也包含"开始"。周而复始，天道自然。于是，从"咸"至"观"，至"鼎"，至"未济"，在这《易经》的卦象和意象中，已是包含了心理分析与中国的过去、现在和未来。

"三"本身在中国传统文化中有着特殊的意义，第三届国际论坛继承

第三章 整合与体验：荣格心理学在中国发展的意义

了过去分析心理学在中国发展的宗旨，承载着未来的发展。第三届心理分析与中国文化国际论坛的研究成果已经被收入申荷永老师的著作《灵性：意象与感应》之中。针对心理分析在中国发展的伦理与道德的研究，几位对禅宗、道家有深入研究与体验的学者都有着自己独到的见解，包括暨南大学王求是教授和四川大学道教与宗教文化研究所尹立教授。

王求是教授（图3-2）专访纪实，2015年6月9日，澳门城市大学。

图3-2 王求是教授

问题1：老子讲："一生二，二生三，三生万物。"您对心理学与修行之间有深入的研究，您能谈谈他们二者之间的关系吗？

王求是老师：第三届心理分析与中国文化国际论坛的主题是"灵性，伦理与道德"，那我就从太极拳开始谈起吧。我的太极拳老师说我虽然不是每次都去练习，但是我对"道"的理解还是非常深刻的。在太极拳中，我只是学到了几招简单的招式，但是练习了好几年，我觉得是找到了一种感觉。通过几年的学习，我感觉太极拳也是一种心理分析。因为每个人刚开始学习太极拳的时候，他的那种状态和招式的大小，完全是由他个人的身心状态所决定的。如果我们从一个初学者到太极宗师的话，实际上会遇到很多的标准，比如说，太极拳要庄严、通透、高贵等。

我个人的体验是，在太极拳练习的过程中，只要保证基本的东西是不错的，通过不断的练习，你的经络会不断拉伸，人的放松状态也会不断往深处走。所以，我觉得心理分析的目标是要达到自性化，也就是"道"的状态。太极拳、茶道都是要达到"道"的状态。实际上就是说，通往最后的点是类似的，甚至是相同的，只不过是路径不一样。那么心理分析是用荣格的术语，用精神分析的谈话设置来帮助我们不断放松，不断"无为"，找到放松与无为之间的感觉。在这个过程中我们会遇到很多自己的情结性的内容，在这个过程中也是要不断放松自己，敞开自己，要敢于面对自己的阴影，这实际上就是一个心理放松的过程。所以说，心理分析是直指人心的东西，是借助于另外一个导师去不断地面对自己的情结，或是心结，不断去放松它，最后由心达到身的放松，也就是我们所说的淡泊、无为、宁静的一个状态。太极拳是身体的放松，而身体的放松和心理的放松是结合在一起的，太极拳是通过打开身结来打开心结，到最后也是达到身心的放松、坦然和安定。只不过是两者的术语和着力点不一样，但最后产生的原则和宗旨是很相似的。这个过程全然像是做沙盘，我们在这个过程中要完全地包容，犹如太极拳中的听觉，你要在非常精准的方向去感受到对方的力度，随着他的力量和方向，去做一个变化，将对方的力量转化掉。

我记得当初刚接触申老师的时候，我总是问他一些问题，但是我问题问出去之后，总觉得是空的，他好像回答了你，又好像没有回答你，是一种虚空。在太极拳中也是一样，在推手或是过招的时候，你的一个东西过去，你的力量就没有了，因为全部被对方接纳与转化掉了。

所以，太极拳是从身结的打开达到一个"道"的过程，而心理分析是直指人心的达到"道"的过程。这过程中体现出沉稳、接纳，包括中立，太极拳就是中正，不偏不倚犹如精神分析的中正原则。太极拳中的天人合一是讲将自己的头、脚以及自我三者合一，只有脚和头的存在，中间的人才可以柔弱无骨，来去自由。也就是说你的自我是完全放松的，在这个过程中，产生一直能够天地相和的力量。就像在心理分析中，我们也是需要做到自我的完全放松，而这个放松并不是睡着，我们的神还在，我们是全

第三章 整合与体验：荣格心理学在中国发展的意义

然地共情与接纳对方。这时我们之间会产生一种空间，这种空间是两个人之间产生的第三种空间，这种治疗作用也是完全不可思议的，所以我们在做心理分析的过程中，会出现许多共时性的现象，原本都是天人感应。

问题2：您是如何理解什么是真正的中国式的心理分析的？

王求是老师：在第三届心理分析与中国文化国际论坛上，当时，申老师让我写篇文章。有一个标题就叫做："心理分析在中国"，在这篇文章的最后一个标题是"在中国的心理分析"。我感觉将心理分析引入中国这部分工作我们已经完成了，当然这是申老师的功劳。他已经让心理分析在中国生根发芽，这是一件非常了不起的事情。如果回头看的话，这对心理分析的发展与中国文化的弘扬都是一件非常大的事情。但是中国式的心理分析也已经在慢慢地开始呈现，可能表现在学习心理分析的人会慢慢多起来，但这在我看来还是属于将心理分析引入中国的工作。

中国式的心理分析是指站在中国文化的道统上来让西方心理分析种在中国文化的道统上，或是说从一个更高的高度提取心理分析的中国元素，之后让这个元素认祖归宗，直接站在老子、孔子、禅宗、道家的角度来重新诠释心理分析。心理分析将成为我们中国人去体悟"道"的一种工具。为什么中国人经常说："万般皆下品唯有读书高"，就是因为以文载道，读圣贤书。心理分析的技术，也许以后将不再是一种技术，而成为一种"道"，所以说，在中国文化里面，首先是一个"道人"。

在中国这样一个被西方文化冲击了一两百年的背景下，在现在这个时代，是中国文化复兴的时候，而在这个时候，会出现一大批的圣人或是君子。在这样一种大的背景下来看待心理分析的时候，可以说我们这一代的心理分析师有责任成为一个"道人"，约翰·毕比曾经说过也许心理分析是禅修的一种方式。而不是用中国文化的东西去解释心理分析是对的，或是中国文化是对的。而是站在天人合一的立场上，利用心理治疗的方式，换一种方式让中国人重新体会到"道"。心理分析是一种非常殊胜的方式，它直指人心，它直接谈你的心的本来状态在哪里，它非常契合中国文化的初衷。心理分析从来不谈改变，它只是谈你是否有照亮你的无意识，通过关照来找见你的本心，犹如"观自在菩萨，照见五蕴皆空"，这就是我们中国文化本来具有的一部分。

问题3：您能谈谈您对心理分析在中国未来发展的展望吗？

王求是老师：我希望心理分析在中国未来的发展更加严格一点。首先，心理分析在西方是一个伟大的发明和创造，可是我觉得我们首先要把西方的学术内容吃透，也就是说，我们首先要完成分析心理学会所要求的训练，要严格地完成。其次，我希望在继承中国传统文化的道统上要严格，指自己通过某种方式继承，比如西方的心理分析也许只能通过一种咨询与接受分析的方式成为一个心理分析师，而我们可以通过其他的方式，像禅宗、太极等其他的方式达到。在这方面，我们不要哗众取宠，放下名利之心，将自己真正放入道统之中。这两者如果能够结合的话，中国未来将产生世界上一流的心理分析师。

尹立教授（图3-3）专访纪实，2015年5月14日，四川大学。

图3-3 尹立教授

问题1：尹立老师，请问从道家哲学的观点出发，您是如何看待心理分析在中国的发展？

尹立老师：实际上，从荣格自己的体验上看，他经过1945年的经历之后，真正给他带来震撼与知音的感觉的就是道家哲学。而道家哲学在中国

第三章 整合与体验：荣格心理学在中国发展的意义

文化的历史上看，其实是以道教的方式传承下来的。而现在很多学者将道家与道教分得很清楚，但实际上在现代的道教里面，其精髓还是道家的思想，并将道家的思想具体化了，用到了一种很实际的个人身心修养及心灵深处改造的实践当中。

所以，心理分析在道教的经典中找到知音，就像荣格身上发生的现象，恰恰说明心理分析的本质是东方的，不是西方的。就我个人体验而言，其实心理分析的本质属于东方，不论是弗洛伊德开始创立精神分析，还是他的后继学者，荣格或是拉康，都将心理分析的重点转移到了东方文化上。拉康喜欢读禅宗的经典，荣格也随身携带《西藏度亡经》。因为心理分析的源头不像西方科学，我们都认为精神分析或是心理分析来源于西方科学发展的结果。而实际上不是，心理分析或是精神分析实际上来源于催眠。催眠是直接从人的精神状态着手的，而这种干预精神状态的实践一直没有成为西方人类文化的主流。而其在东方，一直是人类文化的主流，所以东方文明对心理分析的把握与探究是十分准确的。而西方的科学一旦对人类心灵的研究深入的时候，就自然会跟东方文化相联系。

问题2：道家文化对心理分析在中国的发展有什么影响？

尹立老师：一个人如果跟自己内心联系越紧密，就会自然而然地与道家文化相联系。荣格是这样，其追随者也对道家文化进行研究。如果说对心理分析的理解，初期可能有人会认为它是西方心理学，不断地暴露自己和分析自我，但当深入三四年之后，你就会发现，你暴露的内容、内心的感受，以及呈现的方式，都可以在东方文化中找到知音。当心理分析深入到一定的程度，你会发现如果你不用道家的描述，就会对心灵阐述得不到位。

我总是觉得，东方文化的感受就是心理分析状态下的心理感受，甚至你会发现，老子、庄子等中国文化的内容能将心理感受描述得淋漓尽致。比如，只读心理分析理论的著作，会感觉有些晦涩难懂，在表达感受上有所欠缺。而当看中国文化的著作的时候，其描述的心理感受更深刻。这样一种表达心理感受的内容只能在东方的文本里面才能找到，西方是找不到的。西方人开始用精神分析或心理分析的方式发掘内心的时候，很容易在东方的文本或文献中找到知音。

一旦走得深入，就会发现佛、道家文化对深度心理学的启示意义。心理分析不借助东方文化，无法走得更深入。而如果借助了东方文化，心理分析的发展是不可想象的。也许心理分析能够结合现代西方文明与东方古老文明，两者相互融合之后，会对人类的认识有更为深入与全面的揭示。

外在世界的变化带来人心理的变化，人心理的变化带来身体的改变，整个身心环境便可以融为一体，这样的融合与转化，将更为深入地认识整个人类。荣格理论中有一个精华的内容，认为人是由不同的小部分的自我组成的，这些小部分的人格称之为情结。运用MBTI分析人格类型，可以将电影中每一个人视为人格的一个部分，而不是一个完整性的人格。弱势功能是因为我们内在都不同程度具有自卑情结，不代表没有能量。人格类型不是人格的分类，而是意识的分类，或是聪明才智的类型。

1998年约翰·毕比作为国际分析心理学会的特派代表，前来参加第一届心理分析与中国文化国际论坛，并作大会主题报告。他当时就表达出："你们所做的一切都是正确的，中国正是一个适合荣格心理学的国家。你们以非凡的气度向我们敞开自己……你们可以给予我们的比我们带给你们的还要多。"自此之后，他几乎每年都来到中国，见证了荣格分析心理学在中国的发展。约翰·毕比指出，从原型水平构建的八种心理类型模式中，随处可见中国文化的身影与神韵。他自己将其称为"方便法门"，不仅是心理分析的利器，也可应用于心理辅导与心理治疗，以及人力资源和组织管理，社会历史和艺术文化等诸多领域。在第四届心理分析与中国文化国际论坛上，约翰·毕比对八种人格类型进行了详细和专业的理论阐述。根据第四届心理分析与中国文化国际论坛的录像数据，笔者将约翰·毕比当时对其人格类型理论的阐述进行了录音整理。

约翰·毕比的心理类型理论的提出，是基于荣格的八种心理类型理论

第三章 整合与体验：荣格心理学在中国发展的意义

之上，如功能与态度，还有使用高度分化的术语命名的四种意识取向的功能（思维、情感、感觉、直觉），和功能所使用的两种态度取向（内倾和外倾）。荣格在1921年出版《心理类型》的目的是形成心理类型理论，为意识分析奠定理论基础，并将功能类型和态度类型结合起来，形成了八种功能类型。对于荣格而言，态度类型是首要的，功能类型是以一种特定的方式从属于态度的。因此，他根据态度的不同对类型进行总体论述，先论述"外倾态度中基本心理功能的特征"，之后是"内倾态度中基本功能的特征。"

荣格在其著作之中，首先论述外倾理性类型（外倾思维、外倾情感）和外倾非理性功能（外倾感觉、外倾直觉），再转向内倾理性类型（内倾思维、内倾情感）和内倾非理性思维（内倾感觉、内倾直觉）。这些是荣格对八种功能的原始描述。这些功能是存在于个体身上的意识能力，当然大部分人没有分化出所有这些能力为自己所用。荣格告诉我们，在大多数人身上，一个理性功能搭配一个非理性功能形成一种意识取向，或是他所说的自我意识。而对于大多数人来说有两种分化已经足够了。荣格为进一步的人格类型的分化提供了可能性，因为只有四个功能：那么第四个分化出来的功能就是著名的"劣势功能"，劣势功能最接近无意识，因此是错误和情结的来源。荣格理论当中，较少提及第三功能，他认为对于大多数人而言，第三和第四功能仅仅是潜在的，存在于无意识当中，在梦中以古老的方式呈现，相对很难得到发展，除非处在特殊的环境之下。比如，在自性化过程中，荣格经常在对那些已经进入到后半生的成熟人士的分析中看到，在这个时候，古老的功能开始寻求意识的整合。

MBTI人格类型测验并不仅仅是让我们学会之后去测验我们自己的人格类型，更重要的是要教会我们去掌握荣格的这种方法，之后可以辨识出我们个人用的是什么类型的意识状态，就是指某一个人在某一个特定的状态下是什么意识状态。不仅如此，当事人在特定的意识状态下要用什么类型去应对呢？比如，有人和你打招呼，这种问答就必须要求我们用外倾的

-91-

类型去回答，而对于这种交往你自己是否感到自在。MBTI的重点是它仅是一个指标，让我们明白在多数情况下，我们善于运用的是哪一种心理类型。测验本身是好的，但不够完全和有效。荣格自性化与很多心理学家讲述的适应性是不同的。所谓适应性讲述的是人与人之间及国家与国家之间如何和平共处，当我们更了解如何去运用自己的八种人格类型的时候，我们处理事情会更顺当一些。你就可以像计算机一样在适当的情况下调整最好的状态去应对，这样的人很难辨识到底是什么人格类型。有些人应对外在环境有一种很自然的反应，但我们大多数人与家人或是在外在环境相处得并不太好。

荣格年轻时是内倾直觉的人，并且有远大的目标。他自己的爸爸是瑞士的牧师，以至于他并不能和同龄人分享自己的体验，他是与身边的人格格不入的，最后选择了做精神科大夫，所以对弗洛伊德有很强烈的兴趣，并且成为忘年交，但是，就是这样，他们还是无法很好地相处，最后分道扬镳。他与配偶、孩子的相处也不和谐。在他的人生关口上，他总是做一些与别人有差别的事情，他也不是可以调节自己与周围人和谐相处的人，以至于他走上了一条自己与自己和谐相处的道路，他自己觉得这是与他的天性相符合的。在当时的年代环境下，并没有太多人能够与环境相处和谐，反而荣格成了一个教我们如何走下去的典范。当你不能和别人和谐相处的时候，在美国心理学家看来就是你适应得不好。这就有机会让我们从心理分析角度看待我们自己哪一个部分出现了问题，也就是说我们内心的一部分想要走，但另外一部分还没有做好准备接受。

阿尼玛和阿尼姆斯都是灵魂的原型，并且荣格认为灵魂是分开的，即阿尼玛是灵，阿尼姆斯是魂。冯·弗朗兹在其《荣格心理类型讲座》中明确提出我们有机会去发展第三功能，但第四功能，即劣势功能的整合，很大程度上受无意识控制，我们对它的工作会受到限制。尽管如此，意识自我也能够感受到这一部分有相当多无意识的内容，这一部分的无意识甚至提供了通往自性的桥梁，这是其他功能无法做到的。劣势功能被阿尼玛或

第三章　整合与体验：荣格心理学在中国发展的意义

阿尼姆斯"携带"，是灵魂的原型，是守护者的角色，代表的无疑是心灵的他者。对于我们而言，它也能扩大我们意识的范围和能力。阿尼玛和阿尼姆斯就像通往无意识的桥梁，能够奇迹般地在意识和无意识这两部分心理之间形成联系，这种潜能能够让和谐的整合取代对立的紧张。

关于如何理解永恒的少年原型：永恒少年具有的能量是原型的力量。我们面对的是神圣的婴孩原型，像是有智慧的小孩或是非常老成的青少年，有时候是一个受创伤很重的青少年，有时是一个长不大需要被人照顾的孩子。如果阴影展现在我们的双重束缚当中，我们应该学会停留在这种双重束缚的关系中。双重束缚是很重要的课题，表现形式主要有最原本的负向状态和次级的负向状态。让人陷入两难的状态是"愚者"的典型的表现，其特殊性的表现会让永恒少年陷入两难。这不是因为永恒少年失去了其原型，而是原型本身具有生命力，生命本身拥有原型能量。

世界本身是黑暗的，我们需要发展"愚者"原型来适应世界。急于去取悦别人却又在感情上容易受伤的男孩的阴影就是"愚者"，人们感觉到能力不足在于不能容纳自己的阴影，只要自性化道路走得够远，总有一天会将"愚者"整合进来。在我们的发展中，当运用第三功能的时候，当进入自我膨胀和鄙夷的循环中的时候，要顺利走过第三功能，就一定要整合"捣蛋鬼"的原型能量。

阴影经常被人们忘记，人们相信自己可以飞跃人生。永恒少年的原型如果想继续影响意识，就要将阴影抛弃。永恒少年的美来自将阴影弃之身后，但是这样的美是非常危险。病人并不需要医生是完美的，而需要一个完整的人倾诉。第三功能经常会表现得纯洁无瑕，我们不需要将自己净化，纯净本身也是第三功能的问题，永恒少年正是如此，只讲究灵性，将物质弃之一旁，最后会导致物质成为阴影。第三功能会让我们表现得过于纯洁无瑕，而不去面对我们真实的一面。每一个人内心深处都有一个过度理想化的部分，第三功能也就是"解离"发生的功能，就是永恒少年与"捣蛋鬼"原型之间产生的分裂，"愚者"原型也参与其中，压抑阴影本身就是"愚者"原型展现的方式。

（二）分析心理学之象征与语言

1. 荣格认为心灵具有自发性

阴影可以有意识地避开自我状态，像是一个伟大的演员。我们想要了解原型就一定要了解精神的内部能量，原型是我们精神世界中的内在基因能量形塑出来的样子。对于人格类型学说，并不是能量向外就是外倾型的人格，也并不是将能量转向内部世界就是内倾型的人格类型。

我们每一个人都生活在世界上，每个人也都有自己的内在世界，会做梦，会有内在的心理活动，但是大多数人在意的是在外界世界上如何生存。心灵有内倾和外倾的层面，用外倾的方式运用功能的人，是与世界融合在一起，对他们来说外界的探索越多越好；而用内倾的方式运用这些功能的人，是在世界中做取样，之后与自己内心对照，看是否有相符合的地方。对于外倾的人来说，经验要跟别人共享才能算得上是经验；对于内倾的人来说，经验是不能分享的，只需要与自己内心的原型相符合。这两者的内心都是真实的。

正如卫礼贤为荣格的著作写评论时所说：荣格提出意识的类型就是黄金之花的花瓣。这个评论让荣格对自己的发现有了最明确的构思，即意识并不属于努力适应现实的自我，也不是被用来去打败无意识的，而是让一个展现出来的自我寻找到实现个体心灵潜能的方式。意象体现技术基于最基础的假设：各种意象的产生是由我们的身体体现的。伯尼克教授指出：直到最近一些年，伴随现象学领域的发展，我们才重新注意我们的感官。现象是感官的信息，是感知的方式，所以通过感官，我们不可能完全知道事实，但是感官并不是虚假的，意象体现是基于现象学的工作方式。伯尼克对其意象体现［也称梦象体现（embodied dream imagery）］技术理论做了详细的理论讲解和体验介绍。该方法在操作方法上借鉴多种梦的工作技

第三章 整合与体验：荣格心理学在中国发展的意义

术，同时更为倾向对梦的体验和经历，尽量减少对梦的解释。工作方法结合梦境的记忆进行观察和想象，并强调情感的感受，特别是身体层面的体验。意象体现技术还强调个体之间的情感和身体反应的共鸣，以感受到的气氛来指引整个工作的进程。这种工作可以在个体或小组之间进行，可以用于一般的心理咨询的同时也适应于心理治疗，并在临床上取得一定的成效。

伯尼克教授是前任国际梦研究协会的主席，对意象体现技术及梦的工作有着详细的理论研究和实践体验。他指出梦对于任何一个人来说都非常重要，对梦的工作和研究也是在偶然的机会中才发现的，所以在对梦的工作和研究过程当中也许不一定必须有专业的治疗师，但是接受梦的工作方法训练确实是有必要的。从事梦的进行深度的工作是一个特殊的技巧，并不是所有的治疗师都具有这项技能，所以在国际水平上，从事与梦相关的工作的人必须经过专业的学习和训练，并以非常亲切的态度进行工作。

意象体现的命名可以从"具身"这个词讲起。"具身"是英文中很美丽的一个词汇，因为它表达了意向是如何进入身体当中的，并与人格融为一体的，这个词汇表示了一种隐喻在内部的化身过程。关于具身化隐喻，有很多具身神经科学的研究表明，如果一个人摆出有力量的姿势，做完这些姿势之后睾酮会升高。也就是说，进入身体的意象会直接影响到人的身体激素水平。

将意象以体现的形式进行研究与讨论有很多原因，最为典型的代表是安慰剂效应。一名研究者为帮助病人在研究止疼药物时，发现了药物的安慰剂效应。但在生理上，这些药物的作用原理还是未知的。可为什么人们服用一种在身体上不会止疼的药物，却可以改善身体的疼痛感觉呢？对此进行深入研究发现：人的大脑中存在一种神经回路——期望回路，它与正常的神经回路完全不同。多年以来人们认为疼痛是想象出来的，属于心理范畴，但是经过科学研究证实，疼痛具有其大脑神经回路，所以当人想象服用药物会止疼时，尽管没有实际效果，但是药会通过期望回路发生作用。这项研究证明了想象是可以影响身体的。基于此基础之上，意象体现领域在国际上逐渐发展。梦是最强有力的意象形式，人做梦的时候是处在一个真实的世界里，梦者在梦中可以体会清醒的自己。在中国传统文化中，庄周梦蝶的故事与此如出一辙。

西方著名哲学家笛卡尔的观点是"你无法相信你的感官"。因为他曾经说道："我坐在炉火前读书，但我如何确定是我坐在炉火前读书呢？因为我也有可能是在做梦，因此，你不能相信你的感官，感觉的输入不会带来确定性。"这导致了西方理性科学主义的发展。然而，直到最近几年，国际学术界与科学界开始重新注重我们的感官，因为人们除了理性之外，感官、感觉输入非常重要。现代现象学的发展告诉我们，感官让我们部分接近真实，从而解决了笛卡尔的哲学问题，虽然我们不可能通过感官完全知道事实，但感官输入的信息也绝不虚假。意象体现技术是基于现象学的工作方式。

意象体现开始于荣格的《红书》。1912年，荣格与弗洛伊德由于学术分歧最终分道扬镳。荣格说他感到非常孤独，强有力的意象开始涌现，它们都很恐怖。荣格觉得自己得了精神疾病。1913年，他决定进入这些恐惧中。他没有选择逃离恐惧意象，而是进入恐惧之中。荣格说："我从岩石上坠落下来，最后落在地上，双脚和双膝陷在泥沼之中。"[①]而意象体现也正是由荣格的双脚陷入泥沼之中开始的。在荣格《红书》的旅程中，陷入泥沼之后，他遇上了一个老人和一个盲女，他对他们说："你们是象征吗？"

老人回答："不，我不是象征，我是真实的。"

荣格说："是的，是的，我知道你是真实的，但你是象征。"

老人说："你想管我叫什么都行，但是我是真实的。"

从梦的角度来看，这些意象都是真实的，只不过他们的视角与我们清醒时的意识视角是不同的。意象体现技术也是建立在此认同基础上工作

---

① 荣格. 红书[M]. 林子钧，张涛，译. 北京：中央编译出版社，2013：69–71.

的，因为从荣格清醒的视角来看，梦中的意象都是象征，而从梦本身的视角来看，这些都是真实的。

从国际精神分析发展历史来看，在19世纪70年代的苏黎世，精神分析界有很强的反对小组工作的情况，而荣格心理分析师在当时已经开始以小组的形式进行梦的工作。对荣格分析心理学的发展历史来说，这是非常重要的。但是在早期的荣格分析心理学领域，小组工作也是非常薄弱的。荣格本人在当时也并不是特别赞成小组的分析治疗方式，他认为很多的心理学者聚在一起会影响个性化的发展指标。在1975年，哈利·伍德组成了第一个六个人的秘密心理分析小组。在关于意象体现与梦的小组中，强调更多的是每一个人的自性化过程，这样就降低了小组工作中对个性化发展的影响，但是不可避免的是，在任何一个小组工作中，我们都很容易丧失掉自己，所以小组工作中需要注意的是动力的转化过程。

2.意象体现技术及其象征应用

意象体现技术是以身体体验为主的技术，允许做梦的人主动地制造梦中的闪回情景，进入似睡非睡的状态，再次进入梦境，从不同的角度去体验梦中的感受。不再是理性地去解释分析一个梦，而是更注重身体和感官的体验。这项技术的复杂性在于体验的时候身体的各部分的感受不同，身体感受会产生原型、情绪方面的反应，而这种反应有可能是在一周或一个月之后产生。对于小组的梦的工作技术，安静是非常必要的。在成员报梦之前，足够的安静与沉默可以使梦者在叙述梦的时候，能够进入当下的梦境去回忆。聆听者需要放松意识，进入缓缓展现出来的梦的世界，这就是一种体现化的聆听，用感受和感官去聆听，关注我们身体的感受而不是意识分析。小组分享环节亦是如此，注重情感，而不是解释。身体反应也许本身与梦无关，但是它会营造一种集体氛围，营造一个自由与受保护的空间是有利于工作进行的。需注意的是小组成员的个人感受与梦者无关，并且工作的时候要选择安全的意象进行感受。需要非常缓慢地对进入梦中的角色进行相关工作,这一点是非常重要的,因对未知的意象并没有预见性,意象体现技术并不鼓励我们在具有预见性的意识状态下进入梦的工作中。

工作过程中梦者对梦的解释有可能是一种防御,这有利于梦者保持清醒,但不要根据这个解释去推演成梦的解释。这是在很多心理治疗中出现的状况,这样就变成了对梦的解释,而不是工作。我们要尝试保持清醒去理解对梦的解释,再一次在梦境中完全敞开自己,不被意识的解释误导。这时,梦者有可能体验到一种网状的意象体验,这也被称为心灵转化的种子。这种状态不仅是一种激发治愈的感受,而且对于梦者来说也是一种真实的身体觉知体验,是身体的自我觉察和觉醒,是一种转化中的状态。意象是具有生命的,它会长期存活在我们的心里。小组工作中,最好是能够选择一个相对简短的梦,工作重点是缓慢地进入梦境,梦的小组带领者一定要遵循梦者自己对梦的体验速度,对一些问题如果梦者不能回答,就需重新选择相对安全的其他问题进行。工作中间的休息也是必要的。

针对受创伤的个案,由于建立自由与保护的信任关系比较困难,当相互信任的关系并没有建立起来的时候,不应该直接进行工作,可以选择与创伤相关的环境开始工作,而不是进入创伤性的事件之中,以避免来访者再次因为相似的情况受伤。通过一些客观事物的感受和体验让来访者进入分析状态,使其认同一种客观事物而不是认同自己是一个受害者的身份,从而为从侧面进行工作做好准备。针对创伤,意象体现技术不支持系统脱敏的工作方法,因为简单的遗忘和忘记是没用的,创伤会自己返回甚至改变原有意象返回。

意象体现技术是给了我们一个了解自己内心意象和接近灵魂的机会。在工作过程中梦者的躯体感受是具有暗示作用的,心理暗示会影响到梦者的思维,暗示性不容易消除,小组成员的体验与梦者的体验是不同的。梦本身会被设置的环境和梦者讲述方式影响,也会被聆听者影响。精神分析师在百年前就已经意识到这一点,所以会在工作时选择坐在病人的背后,

第三章　整合与体验：荣格心理学在中国发展的意义

但是尽管如此，坐在后面的方式仍然会影响梦的工作，所以现代很多精神分析师也放弃了这种工作方式。意识对梦和分析工作的影响永远都存在，但是事实证明这种影响是有限的。在尝试体验整个梦的过程中，梦的全部都是意象的体现，全部是梦者的想象，如果想进入梦中的想象，我们必须进入梦中的所有视角。意象体现与一般的梦的工作的不同在于，一般的梦的工作是要梦者保持在梦中的感受与状态，而意象体现尝试从不同的视角得到关于环境与体验的变化，这样营造出一种网状的意识。这种网状的意识状态与梦相同，从不同的视角感受，体验更多的沟通与觉察，而不仅仅是大脑感受到的信息。小组工作中不同的成员有不同的视角，对梦的体验的真实性有很重要的作用，因为在工作中离开自己的视角非常困难，这项工作可以训练治疗师以共情的方式去聆听他人的能力。意象体现技术与认知行为心理学不同，在分析工作的过程中，意象体现技术不预计什么是应该发生的，也不对结果进行预判。意象体现技术所做的是将全部注意力集中在正在发生的现实上，基于心灵上的彼此信任。

记忆无法享受生活的现实感觉，当为一些严重创伤的个案进行工作时，信任的关系是非常重要的。针对记忆进行工作，很容易产生阻抗，在工作中，面对阻抗要尊重，而不是采取推动阻抗的态度，阻抗出现有其自身原因。记忆的外层相对于梦来说要更"厚"，因为记忆是重复被想起的，记忆的意象有很多可工作的地方。身体的感觉会依附着各种情绪，如针对已经冻结起来的记忆进行工作，速度要缓慢，记忆不是独立存在的，工作的过程会使心理距离会越来越亲密。

在家庭治疗当中，意象体现技术不赞成在家庭成员之间同时进行相关记忆的意象工作，只有从个体的视角完全感受到记忆中自己的真实感受之后，才可以转向家庭其他成员的视角去体会。记忆相对于梦而言，虽来源于现实，但是记忆也具有想象功能。当对记忆进行工作时，也创造了想象，这与拍摄不一样，并不是定格模式，记忆是伴随着回忆发生改变的，并不是像电影一样不断回放。科学研究表明记忆并不是记忆全部发生的过程，而是只有结尾部分的内容被记住，在记忆被记忆的过程中，更多的想象发生了。梦来源于心灵内部，相对于记忆具有更多的真实性。

意象技术是一种具身化的、在身体内部发生的积极想象。荣格写《红书》是具身于荣格自身的经历，基于其自身的想象，他曾经梦到过整个欧洲被覆盖的恐惧场景，这是在第一次世界大战之前，当时他并不知道这个梦预示了这次灾难。1913年，荣格决定改变心理学研究方向，他决定让自己陷入这种恐惧之中。荣格在梦中随着一堵墙往下掉，掉到底部的时候，他的脚先到了泥土中，之后进入一个洞穴之中，看到很多东西。积极想象的初始意象也是最早出现的意象，当荣格面对这堵墙的时候，发现这是真实的一堵墙，比如荣格描述墙是石头砌成的，脚也是踩在真实的泥土上。荣格在《红书》中记载，他遇到了一个男人和一个女儿，他就对这两个人说："你们是象征吗？"对方回答说："我们不是象征，我们是真实的。"荣格记载的所有的人都一直说自己不是象征，是真实的。这对荣格影响很大。在这之中，荣格将所有的东西都看作是象征，从而建立起一个完整的关于象征的体系，如其原型象征中的阿尼玛、阿尼姆斯等。

意象发生在真实的场景之中，梦中的想象更值得关注。对于梦人们首先想到的一般都是梦发生的场景或场所，是在某一个地方梦到了这样一个人，这是超出意识的文化性的东西。梦在被文化的形式理解之前是什么形式呢？在西方，科学认为梦是脑干发出的一些噪声，大脑皮层尝试去理解这些噪声信号；一些心理学家认为梦只是自我人格的体现。在西方心理学梦只是个体化的视角。澳大利亚土著居民认为梦可以教导他们唱歌、跳舞，以保持山脉之间的记忆；美国土著居民认为梦与其祖先相关。这些都是文化视角，与梦本身没有实际关系。对于梦本身来说，梦是在一个场景中发生的，是一种经历。鼓励人们从梦中醒来并不是一个好的因素，梦被当作一个不客观、不真实的存在，被人们认为是一种虚拟的空间存在，而从现象学角度理解梦境，梦境是一种真实存在。

现象是指向我们呈现的世界，是一个关于视觉和知觉所呈现的世界。

西方经历了400年对于"经历"的否认，这将会解释我们现代的世界观是如何形成的。西方心理学传入中国之前，西方哲学对中国世界观已经有所影响。西方哲学在800年前对世界有3个层面的认识：第一层是客观物质世界的认识；第二层是精神性的，现在称其为数学性的世界；第三层是想象的真实存在世界，即通过想象，我们可以了解真实是什么。之后的300年，想象与现实呈逐渐对立的方向发展。在17世纪，想象与真实的决裂到达高峰。导致分裂的哲学家是笛卡尔，他说："我坐在火的边上，我可以看到火，可以闻到它的味道。我做梦的时候也可以看到如此的场景，所以我不知道我是否可以看到真实的世界。"之后，科学实证被推向认识世界的顶峰，自此，意识世界与存在世界分裂成了两个世界。之后的哲学家表明梦带给我们的世界是一个一样的世界，梦的研究从西方科学研究中抽离出来。笛卡尔的哲学来源于一个梦境，可惜的是，在其哲学观点之后，梦就被全然忽视了。

3. 意义与意象之"意"，其"妙"在于心

人者，天地之心也。用心，便能获得其中的意义。而中国文化的心理学是以心为本的心理学，是"the psychology of the heart"。梦者，意也。汉字的"意"。从心，从音，包含生动之意也，具有心的意象。正所谓"从心察而知意"，"意不可见而象，因言以会意"。意与意念有关，与自由联想有联系；意与意象有关，与荣格的积极想象可以相互联系。意与《易经》的易是相通的，需要"易，道之，易心而言起。"意与汉字中的"医"是相通的，包含着治愈的缘起。庄子说：得象而忘言，得意而忘象。无心之感的妙用所得到的正是梦的意义以及梦中生活的意义，从中获得疗愈心灵的价值，先有后觉，而后知其有大梦也。

（三）分析心理学之超越与转化

在20世纪初期，荣格心理学所提出的理论无疑是并不被接受的，当时

社会认为科学可以解决我们人类的问题，人们相信理性和逻辑的力量，相信科学和因果理论的解释。西方的工业化过程中制造出许多贪婪的欲望和恐怖，这些不仅对外在世界造成影响，也严重影响着人类的内部心灵，人们将自己作为机器人，不知道如何找到人生的根本意义。

1. 心灵象征之梦境与语言

荣格理论的基础是关注自己的体验而不仅仅是接受理论概念。荣格认为，如果治疗是为了疗愈灵魂，只是拥有技术是仅仅不够的。到目前为止，荣格心理学一直认为成为荣格分析师一定要接受个人分析，以连接自己的情感和情结，无论是积极的还是消极的。荣格相信我们的内心有意识化的一部分，也有无意识的一部分，还有与我们外部表现不相符合的内容。荣格认为无意识的意象是非常重要的，意象可以产生转化和治愈的作用。在他和弗洛伊德决裂之后，他度过了一生中的困难时期，在情感上非常痛苦。但是荣格对弗洛伊德依然十分尊敬，所以荣格学者接受广泛的心理学理论，致力于了解灵魂，包括禅修、冥想和灵性学，使得自我的意识可以宁静。

荣格与弗洛伊德决裂之后，花费很多精力将自己无意识中的意象画出来，在他的画中有一条非常美的中国龙的意象朝他飞过来，这对其产生了重要的影响。荣格认为心灵使用梦的意象和故事告诉我们在现实生活中我们不知道的内容，是一种心灵的补偿作用。情结本身具有原型的部分，也有个体层面与文化的来源，情结在梦中和意象中可能以人物、动物或是神话表现出来，在积极想象中我们可以与梦中的意象说话，因为这部分来自我们的未知世界。

荣格在词语联想时发现，解离状态比潜意识更为明显，在早期创伤的病例中和以牺牲自我来适应家庭的病例中尤为明显。这与精神分析学派的观点不同，精神分析学派认为创伤由不同的记忆组成。伴随脑科学研究的发展，我们对大脑的工作有更为深入的了解。现代生物学研究显示，潜力

第三章　整合与体验：荣格心理学在中国发展的意义

是一种左脑发展比较成熟的防御机制，用来防御和对抗右脑集成反应形成的焦虑。但是，更早出现的大脑防御机制就是解离状态，是为了防御原始的恐惧状态和创伤性体验，而这些体验存在于右脑集成的反应形成之下，即解离是用来对抗古老的创伤性体验。在心理分析的过程中，深层次的体验无法将创伤性体验取消，但是会引导我们发现自身内部的资源。

荣格在1946年的《移情心理学》中谈道：左手是优势手的人是不幸的，因为左手是心灵所在的地方。左手不仅是爱，也是邪恶与反人类道德的情感冲突的所在。炼金术中的国王与王后，就是左手牵手而右手拿着花朵，灵魂从上方穿透而下，将心与本能联系在一起。国王站在太阳之上，王后站在月亮之上。在西方太阳象征着意识和光芒，月亮代表着进入无意识的光芒，照亮无意识的道路。（炼金术的一幅图）个人分析中的转化出现在意识层面，也出现在无意识层面，作为治疗师也会被来访者所影响。在个人分析过程中产生的情感是很难用语言描述的，分析师可以用画画、积极想象的方式解决反移情的发生，荣格认为在深刻的移情与反移情发生之后，病人和分析师都会发生很大程度的改变，在某些程度上移情是有利于治愈工作的。每个人在分析中的面部表情，说话语调都是无意识的反应。

在生命的第一年，大脑发展非常迅速，大脑会发展很多连接，可以让婴儿在母亲不在身边的时候照顾自己，并且开始学会如何理解他人的情感表达并表达自己的情感，这些能力和模式会影响神经系统的发展并持续终生。科学证明，右脑比左脑发展得迅速，交感神经系统和副交感神经系统有所发展，我们需要平衡地发展这两个系统。孩子需要另外的人来帮助他们管理强烈的情感和情绪。大脑的前额叶发展起来，使得双侧大脑不断发展，这能够帮助人们更好地平衡内在和外在的自我，也就是自身调节。荣格认为神经症不仅是由于童年记忆形成的，解离在生活中也是非常常见的，出现在常识性记忆与情绪性记忆之间。

2012年6月，第五届心理分析与中国文化国际论坛在澳门大学举行，主题是"梦、心灵象征语言，自然与文化"。第五届心理分析与中国文化国际论坛被称为"共享东西方文化与心灵交流的时代盛会"。此届大会由澳门大学、国际分析心理学会、国际沙盘游戏治疗学会、澳门城市大学及华人心理分析联合会等联合组织。台湾心理治疗学会、台湾华人心理治疗研究基金会、香港荣格分析心理学会研究院、广东东方心理分析研究中心、华南师范大学、复旦大学、心理分析与中国文化研究中心等共同参与策划。中国诸多著名学者与专家教授参加。

Brain教授是荣格心理分析师与沙盘游戏治疗师、美国斯坦福大学教授，在此次大会上重点介绍了其"心理皮肤"的象征性表达研究。在其理论中，皮肤是"容器"。对于分析心理学而言，皮肤不仅是生理意义上的皮肤，也有"心理皮肤"的概念。心理皮肤是一种内化的皮肤，心理皮肤与人们的象征性表达、情绪表达，以及与他人建立亲密关系都有重要的联系。Brain教授在当代将荣格心理学与心理皮肤结合，并对婴儿进行观察，对人际的依恋关系及个体与他人之间的关系进行研究。他发现不同的心理皮肤影响着人们与他人之间的交往与接触，婴儿早期就是通过皮肤的接触与他人建立联系。爱利克·埃里克森（Erik Erikson）对"文化与认同"进行过专业阐述，并肯定婴儿早期的皮肤接触与后期人生发展有很大的关系。心理分析的过程需要有一个在治疗方法基础上的个体化过程，儿童的情绪与创伤联系非常紧密，心理分析师需要建立一个空间去容纳和保持儿童的心理皮肤及创伤。

Brain教授多年婴儿观察的研究表明，儿童的早期创伤对其一生的发展都具有很重要的影响，荣格一生的发展也受其早期创伤的影响。儿童早期的创伤对儿童的情绪、思考、语态、情感之间的互动以及自我组织、调节系统的发展都有很大的影响。对婴儿的创伤研究的临床资料是很难得到的，因为婴儿无法用言语表达其情绪及体验，所以婴儿的创伤也都集中于身体感觉性的非言语化的状态，通过身体语言表现来。有些儿童会做一些"大梦"，蕴含使命与创造力，这是非常重要的自性化因素。对于患有精神类病症的儿童所做的梦而言，梦是存在于心灵外部的一种实体化且具有象征意义的形式。这些梦呈现出多样化的表现形态，这就要求心理分析者通过深入思考与研究，全面且深入地了解儿童的心理及情绪状态。

当今中国孤独症儿童和网络成瘾现象与次级皮肤功能的形成有关。网络成瘾、自闭防御的儿童及青少年，都具有内心的深层焦虑。这样一群孩子会建立起一种自我保护系统的防御，在这样一个系统中他们感觉是安全的、舒服的，这与早期依恋关系有很大的关系。只有进行更深层次的心理分析治疗才能够触及其早期的创伤及其早期心理皮肤的功能。

2. 中国文化之"心理皮肤"

深度心理分析很重要的一个因素是文化因素，任何一种文化都有其自己的框架与建构，所以不同的个体拥有不同的文化皮肤。在中国文化背景下，中国人也形成了中国文化的心理皮肤，更需要情绪空间的发展和表达。如唐纳德·温尼科特（Donald Winnicatt）的"虚假的个体"：孩子在小的时候并不知道自己是什么样子，他们需要父母的一种镜像化的客体来感觉和感受自己的情绪状态；或是雅克·拉康（Jacques Lacan）的"错误的情绪认知"：孩子没有一个很好的认同感，只知道自己在别人眼中是什么样的情绪认知。

对于儿童心理来讲，一个过渡性的空间是很重要的，就是母亲与孩子之间的过渡性空间。这是一种象征化的空间，如果在这个空间中儿童的感受是足够安全的，他们的情绪就会有一个很好的发展，这种空间就不仅仅是婴儿或是母亲独自的空间，而是两个人之间共同的一种象征性的安全空间，这样婴儿就会建立起一种安全性的空间感。治疗师与来访者之间也是建立在一种自由与保护的安全性依恋关系上的，是一种具有安全性的空间。约翰·冯·诺伊曼写过一本名为《艺术与心灵》的著作，对艺术作品意象中的母婴关系有很多阐述。从艺术作品中可以看出从西方中世纪到十四、十五世纪的耶稣壁画中母亲与婴儿之间接触的明显变化：从母子之间没有任何眼神及皮肤的接触，到母婴之间有眼神及肌肤的接触，以及第三者的出现，都在母婴之间建立了空间的关系。代际传递在列奥纳多·达·芬奇（Leonardo da Vinci）的艺术作品（《玛丽和婴儿》）中展现得淋漓尽致。母婴之间的凝视和抱持对理解原型是非常重要的。卢浮宫中70%的油画作品都是关于母婴原型的，呈现了婴儿期的幻想状态。婴儿期的幻想是无意识完整呈现的状态，无意识状态下的母婴交流是非常重要的。基于荣格与其追随者对中国文化的了解和对中国"道"及炼金术的发现，其理论最终通过混沌状态达到整合。西方许多心理治疗师也认为荣格所说的这一切也可以被中医诠释。在中医的系统中用阴阳五行来象征性地描述一些现象。

在"以心为本"的中国文化核心心理学理论的实践过程中，主要从安其不安、安其所安，以及安之若命3个方面呈现心理分析在中国的实践意义。庄子在《列御寇》中说："圣人安其所安，不安其所不安；众人安其所不安，不安其所安。""安其所安"是安于自然天性，注重的是内在的涵养，衬托的是内外和谐的心灵状态。"安其不安"一语双关，即安在了人为或自以为的狭隘住所，就必然会被其所累，产生不安。知道对这"不安"做反应，但不知晓这"不安"的背后才是关键所在。作为心理分析与中国文化的践行者，我们不仅关注内在的心性与"安其所安"，同时也关注这不安之所与"安其不安"。在"安其不安"的时候，我们亦可以借用庄子的寓言，决定是医心还是医头。中国有句古话"心病还须心药医"，心病不安处，也正是心药的作用所在。《易经》本身也能够发挥心药的作用。所谓"圣人以此洗心"既是治疗与治愈的过程，也是历经洗心而达到洁静精微的心灵之境。正如我们对"心理"与"理心"的解析，在面对由于不安引起的"安其不安"之时，心理分析更注重"医心"，包含着从头至心的联系与整合的意义。

以临床实践为基础，心理分析在心理教育方面可以用"安其所安"予以描述。心理分析将心理教育看作是一种积极心理学，所遵循的原理是中

第三章 整合与体验：荣格心理学在中国发展的意义

医基本思想和理论，不仅要治已病之病，而且也要治欲病之病，治未病之病。荣格十分重视心理分析过程中意识的发展与完善，用专业术语讲即意识自我容量以及承受力的提升。实际上，许多接受心理分析的"病人"，其目的并非某种明确的心理问题，而是为了自己人格的发展，自信心的提高或是创造力的培养。心理分析注重寻找"心理问题"背后的原因。在寻找这种原因的过程中，尤其是在潜意识的水平上寻找原因的过程中，实际上包含着沟通意识与无意识的意义和作用。一些"不安"往往是由于潜意识与意识的冲突所导致的，一旦意识与潜意识有了沟通，也就有了内心深处获得"所安"的机会与可能，就具有了"安其所安"的意义。

心理分析的最终的目的是"自性化"，根据相关观点和荣格分析心理学的理论，人们在社会化的心理发展过程中，意识与潜意识或意识自我与内在自性趋向分离，而分离甚至是分裂往往导致冲突，产生人们的种种心理问题或心理发展的阻碍。心理分析的过程，是要重新建立意识自我与潜意识自我的整合与和谐，同时让潜在的"自性"尽情地发挥与实现。在心理分析的意义上，明心见性也是返璞归真。老子认为"心善渊"，主张"虚其心"。在《老子》第十六章中有"复命曰常，知常曰明"的教诲。这其中的关键，亦是感应，在感应的过程中促成转化，在转化中呈现其意义。在转化的过程中，心理分析强调的是自性，即真正自我与真心的觉醒与成长。所谓的"觉醒"便是让我们的意识发现自性的存在，用真心去感受自性的意义。与我们的意识一样，无意识也是有生命的。但在现实的生活中，人们往往忽视了无意识的生命意义，甚至完全忽视了无意识的存在。若是没有无意识地参与，自我实现只是意识自我的一种有限的表演。而心理分析则可以帮助人们沟通意识与无意识，获得一种真正意义上的自我实现或自性化发展。而自性化所要表达的，或在自性化过程中所要达到的，正是中国文化中"天人合一"的境界，那也是心性之所至，性命之所归，也是心理分析所追求的心灵所能够达到的境界。

3. 文化创伤之回归与疗愈

2013年10月，山东大学易学与中国古代哲学研究中心、国际分析心理学会、华人心理分析联合会在青岛联合举办了"《易经》与心理分析，荣格与卫礼贤"的国际论坛与圆桌会议。此次会议也为第六届心理分析与中国文化国际会议。此论坛被称为2013年度国内心理学界重要会议，会议的举办将对中国文化与心理分析的未来发展有重要影响。会议内容包括首次在华人社会对荣格《红书》进行多方面深入研讨与交流；以及首次将荣格《红书》的话剧带入国内，并呈现给中国的观众；对中国文化《易经》与西方心理分析《红书》的碰撞进行深度讨论；召集全国各地及国际专家参与论坛盛会，包括国内外著名《易经》学者。山东大学刘大钧教授与申荷永教授以及国外专家学者，就国际论坛的主题做了充分交流和专业研讨。

刘大钧教授是国内外著名《易经》学者、中央文史馆馆员，在此次国际论坛上做了关于《易经》与荣格的专业研讨。本次心理分析与中国文化国际论坛还邀请了国际分析心理学会的数任主席：Tom Kirsch、Murray Stein、Luigi Zoja、Joe Cambray、Tom Kelly等。以及国际著名易经学者和心理分析师Christa Robinson，他是爱诺思东西方文化基金会前任主席，爱诺思《易经》主要参与者；Kazuhiko Higuchi，他是日本京都文部大学前任校长、日本佛教大学校长、日本荣格学会前任会长、日本箱庭疗法主席；Paul Kugler，IAAP前任秘书长；Angela Connolly，IAAP秘书长；Eva Pattis，IASW主席；John Beebe、Jean Kirsch、John Hill、Paul Brutsche、Joe Pasic等专家，以及我国学者颜泽贤、台湾心理治疗学会会长王浩威、台湾天下文化董事长陈怡蓁、台湾趋势科技创办人张明正、著名作家卢跃刚、华东理工大学管理学系主任罗建平、香港中文大学莫飞智、四川大学尹立等与会参与研讨。此次大会也特别邀请了Bettina Wilhelm——卫礼贤的孙女，她是影片《易经的智慧》的导演。

第六届心理分析与中国文化国际论坛公开演讲以"荣格《红书》、

积极想象、心理分析与沙盘游戏"为主题。这是在华人社会背景下对荣格《红书》的重要研讨与交流。荣格《红书》自从2009年首次出版以来，就引起国际学术界的高度重视，被美国《时代》周刊称为近百年心理学历史上最重要的事件。《红书》中包含了荣格分析心理学的主要方法与技术：积极想象的奥秘。积极想象正是沙盘游戏治疗所内含的技术，国际沙游工作协会主席Eva Pattis、荣格心理分析师Jean Kirsch、国际沙盘游戏治疗师Kazuhiko Higuchi、Liza Ravitz、高岚等，以荣格《红书》为背景，呈现了沙盘游戏治疗中的积极想象。

卫礼贤被称为发现中国内在世界的马可·波罗，被誉为"伟大的德意志中国人"。他与青岛有着深厚渊源，创建礼贤书院，在劳乃宣指导下翻译《易经》等诸多中国经典。其翻译的《易经》深深影响荣格，至今仍然是《易经》西文翻译中的最重要版本。此次大会还对"《易经》、卫礼贤与荣格"进行了专业深入的探讨与研究。

荣格的《红书》亦是其撰写了16年的插图版私人日记，2009年出版。Murray Stein、Paul Brutsche、John Hill和Dariane Pictet等荣格心理分析师，为大会做了特别的奉献：荣格《红书》话剧版。在这部话剧中，Paul Brutsche是荣格的扮演者，John Hill是荣格智慧老人的扮演者，Dariane Pictet是荣格的阿尼玛和荣格灵魂的扮演者。卫礼贤孙女Bettina Wilhelm，在大会上介绍了她的电影作品——《易经的智慧：卫礼贤与中国》并配合专家演讲。Tom Kirsch、Murray Stein、John Beebe、Christa Robinson、Paul Kugler和Kazuhiko Higuchi等，也都参与《易经》与心理分析专业实践的讨论与交流。

第七届心理分析与中国文化国际论坛于2015年10月21日—2015年10月23日，在澳门城市大学召开，由国际分析心理学会、国际沙盘游戏治疗学会、澳门城市大学主办，华人心理分析联合会、华人沙盘游戏治疗学会、广东东方心理分析研究院联合举办，大会主题："原型、文化与治愈：面对集体创伤"。此届国际论坛的主要内容是由战争、极端统治、恐怖袭击或自然灾害造成的集体创伤，集体创伤为人类带来巨大灾难，其灾难甚至可能隔代延续与跨越族群。我们在临床心理学与心理分析的实践中，发现了集体创伤的何种表达与意象，这种表达与意象又如何影响我们的治疗过程与疗愈关系？集体创伤如何影响个体以及文化的认同？心理分析又如何能为文化疗愈提供领悟与帮助？心理分析师能够有效地攻克如此困难的个案，并为其开启创造与自性化的发展吗？经历如此惨痛的苦难，还能有自性化发展的机会吗？心理分析能够在个体以及社会和文化水平，为疗愈集体创伤做出特殊贡献吗？面对遭遇集体创伤的个体，我们的理论与方法需要调整与改变吗……以及与此有关的原型和原型意象、文化无意识和文化情结、文化的疗愈作用与文化的疗愈力量等。

参加大会并做主题与专题报告人员包括国际分析心理学会的现任主席Tom Kelly（加拿大），副主席Angela Connolly（英国）、Toshio Kawai（日本），前任主席Joe Cambray（美国）、Thomas Kirsch（美国）、Murray Stein（瑞士）、Luigi Zoja（意大利）；国际沙盘游戏治疗学会的主席Alex Esterhuyzen（英国）、Rie Mitchell（美国），前任主席Ruth Ammann（瑞士）；国际沙游工作协会主席Eva Pattis Zoja（意大利）；国际意象体现学会主席Robert Bosnak（荷兰）；美国沙盘游戏治疗学会创办会长Harriet Friedman；日本箱庭疗法学会主席Yasuhiro Yamanaka；韩国分析心理学会前任会长Bou-Yong Rhi；法国荣格学会前任主席Viviane Thibaudier；爱诺思东西方文化基金会前任主席Christa Robinson（瑞士）。以及国际知名心理分析师John Beebe（美国）、Thomas Singer（美国）、Paul Kugler（美国）、Jean Kirsch（美国）、Brian Feldman（美国）、Chi Lee（美国）、Linda Carter（美国）、Josip Pasic（美国）、Caylin Huttar（美国）、Andrew Samuel（英国）、ffiona von Westhoven Perigrinor（英国）、Allan Guggenbuel（瑞士）、Bruno Rhyner（瑞士）、Jörg Rasche（德国）、Joanne Wieland Burston（德国）、Marta Tibaldi（意大利），国内学者与国际知名华人学者刘大钧（山东大学）、吴怡（美国加州整合学院）、颜泽贤（澳

门城市大学）、胡孚琛（中国社会科学院）、陈兵（四川大学）、曹础基（华南师范大学）、卢跃刚（中国青年报）、释济群（闽南佛学院）、释果正（普照寺方丈）、释定空（丹霞山别传寺代方丈）、Geoff Blowers（香港大学）、Shirley Ma（心理分析师）、岳晓东（香港城市大学）、王浩威（台湾心理治疗研究基金会）、谢文宜（台湾实践大学）、吕旭雅（台湾吕旭立基金会）、Ann Chia-Yi Li（台湾心理分析师）、杨儒宾（台湾清华大学）、何乏笔（法国汉学家）、申荷永（澳门城市大学）、刘建新（澳门城市大学）、刘震（中国政法大学）、杨韶刚（广东外语外贸大学）、杨广学（华东师范大学）、郭本禹（南京师范大学）、马向真（东南大学）、沈勇强（上海师范大学）、尹立（四川大学）、马欣川（深圳大学）、赵燕平（华南师范大学）、高岚（华南师范大学）、范红霞（山西大学）、陈侃（复旦大学）、叶一舵（福建师范大学）等。

在第七届心理分析与中国文化国际论坛召开的过程中，笔者对部分专家进行了专访，其中更有从1994年就首次来到中国的学者，他们都是心理分析在中国发展历史的见证者和实践者，他们参加了从1998年第一届至2015年第七届的心理分析与中国文化国际论坛。在接受采访的过程中，各位专家讲述了自己内心的感受以及对心理分析在中国未来发展的祝福与期望。

Thomas Kirsch教授（图3-4）专访纪实，2015年10月20日，澳门城市大学。

图3-4　Thomas Kirsch教授

问题1：Thomas Kirsch教授，您作为唯一记录心理分析在世界发展历史的教授，您能回忆一下您第一次来到中国时的情景与感受吗？

Thomas Kirsch：是的。我记得当时的情况，当时，我作为前一任的荣格分析心理协会主席，与当时的主席默里·斯丹一起来到中国。那是一段很漫长的旅程，因为当时我感觉来到中国是非常遥远的。在1993年我就与申荷永见过面，但1994年那次的会议才是真正东西方交流的开始，就是申荷永邀请我们到中国看一看。我当时想："哇哦，那可不是一个短途的旅程。"当然，我和其他几位国际分析心理学会成员是非常高兴能够到中国来的。所以在1994年，我们到达香港，后来到达广州。申荷永在广州接我们，我们终于见面了。一谈起这段历史，我就感觉这是一个漫长的故事。

我当时在大学里研究的是荣格分析心理学在世界的历史及发展，以及东西方文化，所以我与申荷永讨论《易经》《金花的秘密》和荣格分析心理学是有很紧密的关系的，申荷永了解中国文化，他对我的看法表示认同。我们一起交流了中国人的心灵和对心理学的迫切需要，还讨论了威尔海姆对荣格的帮助，以及荣格从中国哲学中所领悟到的智能等话题。之后，很有意思的是，申荷永带我们去了北京参观，我留下了许多照片，非常开心，这就是我们的开始。

在那次会面的4年之后，也就是1998年，申荷永中国举办了第一届心

第三章　整合与体验：荣格心理学在中国发展的意义

理分析与中国文化国际论坛，今年这已经是第七届会议了，而我也再一次回到了中国。这次，我看到更多的人热爱着荣格分析心理学，我一直在思考每一次会议我应该做些什么。到2007年第五届心理分析与中国文化国际论坛召开的时候，我对中国的变化有很深刻的感受。1998年我到达广州的时候，大街上的人们都是骑着自行车，或是走路，只有很少的车辆。而广州现在已经成为一个国际化的大城市，犹如荣格分析心理学在中国的发展。

问题2：对心理分析在中国未来的发展，以及中国学生应该如何更好地学习荣格分析心理学，能谈谈您的看法吗？

Thomas Kirsch：我记得两年前我在台湾筹备我的一本新书的时候，就讨论过这个问题。我对中国荣格分析心理学的发展是有一些担心的，中国的发展与其他国家不同，中国经济的发展速度非常快，但我担心这对于心理学来说太快了一点，并且缺少一些规则和设置。在中国的传统文化中，中国哲学的思想比荣格分析心理学更接近中国人的心灵，拥有更早的、更为广泛的影响，不仅仅是《易经》，可能还有其他的哲学思想，当然我了解得不是很深入。我的意思是中国人拥有丰富的历史与传统文化，他们有很多的方式与深层次的自我心灵建立连接。我想，百年之后，心理分析也将会成为中国人认识自我的一种方式，这将被载入史册。所以我想，在未来的中国，一定会有越来越多的中国人，尤其是年轻一代的中国人会热爱荣格分析心理学，我更希望他们能够更深入地认识与了解自己，成为真正的自己并发挥他们的社会价值。

Murray Stein教授（图3-5）专访纪实，2015年10月23日，澳门城市大学。

图3-5　Murray Stein教授

问题1：您亲身经历了从1994年的第一次访问中国，到第七届心理分析与中国文化国际论坛，能谈谈您的切身感受吗？

Murray Stein：是的，我第一次来到中国是在1994年，和Thomas Kirsch夫妇，还有我的妻子、女儿一起，当时我的女儿只有7岁。当时我们从香港坐火车来广州见申荷永，当我到达广州火车站的时候，我看到许多人，并且看到申荷永在站口接我们，那就是这段历史的开端。实际上，1993年，申荷永教授在旧金山荣格学院做访问学者的时候我们就认识了，并且我知道他对荣格分析心理学有很浓厚的兴趣，学习荣格的著作，以及阅读我写的关于荣格的许多著作。在旧金山我的办公室里，我们有一次非常愉快的会面，正是这次的会面中，他提出希望国际分析心理学会能够到中国看一看，有机会的话，可以进行一次关于荣格分析心理学的学术交流，这也是国际分析心理学会迈向中国区域的第一步。当时的中国已经改革开放，向世界打开了大门，所以我和当时的国际分析心理学会前任主席Thomas Kirsch决定来到中国，并且也希望能够召开一次学术交流会议，有机会向中国介绍荣格分析心理学。

第一次心理分析与国际论坛召开是在华南师范大学，申荷永当时已经成为华南师范大学的教授。在第一次心理分析与中国文化国际论坛上，我们介绍了荣格分析心理学与中国文化的渊源，并且对中西方文化的交流展

第三章 整合与体验：荣格心理学在中国发展的意义

开了相关的讨论。因为荣格对中国文化同样具有浓厚的兴趣，所以我们还讨论了《易经》《金花的秘密》等中国文化对荣格的影响等话题。

在此次会议上，我们还讨论了在中国，我们应该如何翻译"self"，也就是如何将荣格所说的"self"转化为中文及其意义的理解。在那次会议上，申荷永提出"self"应该理解为中国文化中的"道"，这种理解实际上是非常符合荣格对中国文化的理解经验的。在这之后，申荷永取得了国际荣格心理分析师的资格，并在广州发展了第一个荣格小组。

问题2：您对心理分析在中国的发展有什么样的展望呢？

Murray Stein：心理分析在中国就犹如一颗种子，这颗种子自1994年那次访问播种以来，已经在中国的土地上慢慢生根、发芽。我想，接下来就是茁壮成长了，会长出茂盛的枝叶。未来也许我也不知道这颗种子会发展成什么样子，其他国家的荣格分析心理学也有已经发展了30年的，他们已经拥有足够多的成员发展属于其自己的荣格分析心理学委员会组织。荣格分析心理学已经成为一个重要的心理学流派。但是，很多国家对荣格分析心理学的发展与学习仅仅停留在意识层面。当然，我也明白，每一个国家有不同的民族背景和不同的文化水平，所以我希望在中国的荣格分析心理学课堂上能够讨论与学习得更为深入一些，而不仅仅像西方学者一样，建立在一种科学研究的基础水平上。只有这样，心理分析在中国才可能发展成为一种能够与内在自我相连接的心理学，这是一个漫长的过程。

心理分析在中国未来肯定会继续发展，但发展的速度不需要过快，我们需要慢慢地与深层的内在自我连接，就像我讲的"求雨者的故事"那样。就犹如一些在国外学习荣格分析心理学的中国人，他们并不像中国的发展那样迅速，他们的成长都比较慢。所以，我希望心理分析在中国的发展，一定要建立在中国传统文化的基础上，更加深入在课堂上的教学与研究，用属于你们的方式，寻找到荣格分析心理学在中国的发展道路。我相信，荣格分析心理学在中国可以得到很好的发展，这也是一段非常重要的历史时期，是一个连接过去与未来的时期，我也希望将来有更多的西方学

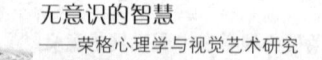

生来到中国学习中国文化，有更多的中国学生能够到西方学习荣格分析心理学！

从第一届心理分析与中国文化国际论坛到第七届国际论坛，Thomas Kirsch与Murray Stein都是这段历史的参与者与见证者。他们用自己的智慧与生命伴随着心理分析在中国的成长与发展，并且探索着心理分析在中国发展的灵魂。

在正式采访结束后，Murray Stein补充道，心理分析在中国发展的灵魂也是他一直探索的问题。最终，他认为："这个灵魂就是通过中国的传统文化中的'道'，走向自性化的道路。这是一种感觉、是一种连接内在自我的情感。"荣格分析心理学包括意识、个人无意识以及集体无意识三个层面，那个能够连接意识自我与无意识之间强大自我的通道，就是心理分析发展的灵魂。就像我们的心灵，实际上，意识自我与无意识的自我都是容纳在一起的，那么那个连接自我与无意识之间的通道就至关重要，例如梦、积极想象等工作，接触到内在自我都是特别困难的，所以，"道"与自性是非常重要的。也就是说，保持与我们内在自我的连接，也就是让我们与自己的灵魂相联系。这也是为什么国际分析心理学会要求每一个想成为荣格分析师的人，一定要坚持做自我分析与成长的原因。

七届大会也犹如心理分析在中国发展的"心灵地图"，正如Murray Stein所说的："心灵的转化通常伴随着人们触及或是感受到'道'的存在而发生。我们的心灵地图中包含了太多的情结、阴影以及创伤，那么保持与内在的联系就显得尤为重要，就像那个求雨者。当我们与内在自我相互理解与包容的时候，转化也会自然而然地出现。"心理分析在中国的发展就像一朵心灵之花慢慢开放的过程，犹如心灵花园发展过程中所呈现出的每一幅图画，而治愈便蕴含其中，伴随着理解内在自我自然而然地发生。

三、物不可穷，始以未济之生生之义

（一）变易者也，是以始终

《周易·序卦传》有言："物不可穷也，故受之以未济。终焉。"①既济矣，物之穷也。物穷而不变，则无不已之理。《易》者，变易而不穷也，故"既济"之后，受之以"未济"而终焉。未济则未穷也，未穷则有生生之义，为卦离上坎下，火在水上，不相为用，故为"未济"。郑氏汝谐曰："既济初吉终乱"，"未济"则初乱终吉。以卦之体言之，"既济"则出名而之险，"未济"则出险而之明。以卦之义言之，济于始者必乱于终，乱于始者必济于终，天之道物之理固然也。吴氏曰慎曰：《易》之为义，不易也，交易也，变易也。乾坤之纯，不易者也。既济、未济，交易变易者也。是以始终，《易》之大义。②

孔子在《周易·序卦传》首句说："有天地然后万物生焉。盈天地之间者唯万物。"末句说："物不可穷也，故受之以未济。终焉。"③程颐作《周易程氏传》，指出："六十四卦，三百八十四爻，皆所以顺性命之理，尽变化之道也。"关于未济卦，他指出："《易》者变易而不穷也，故既济之后，受之以未济而终焉。未济则未穷也，未穷则有生生之义。"意思是说，《易经》之为书，讲事物发展变化的道理，事物发展没有穷尽。因此，六十四卦的最后一卦——未济卦，不是讲事物发展的穷尽，而是讲事物的"生生之义"。④朱熹作《周易本义》，关于未济卦，他指出："未济，事未成之时也。"意思是说《周易》是讲事物交易和变易的

---

① 李光地. 康熙御纂周易折中 [M]. 成都：巴蜀书社，2013：67.
② 李光地. 康熙御纂周易折中 [M]. 成都：巴蜀书社，2013：89.
③ 秦宗臻. 统天易数 [M]. 北京：中国城市出版社，2011：39.
④ 程颐，王孝鱼. 周易程氏传 [M]. 北京：中华书局，2016：29-30.

道理，事物发展没有绝对完成之时，总是不断向前进的。正如心理分析在中国的发展，是建立在中国传统文化的基础之上，看似从西方引入中国，实则早已在中国孕育，已然存在于中国人的心灵深处，并不断被当代的中国人所接受，呈现出其治愈及转化之意义。

"未济"之六五爻："六五，贞吉，无悔。君子之光，有孚，吉。"朱熹说："以六居五，亦非正也。然文明之主，居中应刚，虚心以求下之助，故得贞而吉，且无悔，又有光辉之盛，信实而不妄，吉而又吉也。"[①]朱熹解此爻吸取了王弼、孔颖达、程颐之解的思想，着重指出，居尊位应"虚心以求下之助""信实而不妄"。意思是说，大功将告成，不应骄傲，应该是谦虚谨慎，诚信团结，才能"吉而又吉"。郑汝谐指出："既济初吉终乱，未济则初乱终吉。以卦之体言之，既济则出明而之险，未济则出险而之明。以卦之义言之，济于始者必乱于终，乱于始者必济于终。天之道，物之理，固然也。"[②]济与乱，终与始，互相转化，这是自然规律。这里讲的终始之义便是"生生之义"，对心理分析在中国的发展而言，经过咸卦之命名与启蒙、观卦之成长与发展、鼎卦之沟通与交流3个阶段的发展，已经走过30余年的历程。伴随着时代的发展和科技的进步，中国心理分析的发展已然奠定了理论与实践的根基，在未来的发展过程中，将面临更多的机遇和挑战。

（二）心灵花园之守护与救赎

《周易》是中国心理分析发展与历史的规律和轨迹，是中国哲学的圆融，周而复始，生生不息的体现。心理分析在中国发展30余载，不仅仅是在理论水平上的深入研究，更是强调心理分析体验和实践的重要性，其意义是能够帮助人们获得自信心，获得创造力，获得人格和心性发展。心理

---

① 秦宗臻. 统天易数［M］. 北京：中国城市出版社，2011：132-133.
② 李光地. 康熙御纂周易折中［M］. 成都：巴蜀书社，2013：90.

分析所有的努力便是创造条件,去唤醒和启动我们内心深处的爱与灵性,在"心灵花园"中获得成长。心理分析不仅是在理论水平上的深入研究,更强调心理分析体验和实践的重要性。古有明训:先存诸己而后存诸人。真正的心理分析要在生活中完成,心理分析的意义不管是自性化还是积极想象,都必将在生活中实现或者说终究要在生活中获得其真实的意义。由此,心理分析在中国的核心便是正心诚意、明心见性、天人合一。这便是心理分析在中国未来发展之深意。

作为心理分析的工作者和践行者,我们所有的努力,便是创造条件,去唤醒和启动这种治愈的原型和力量;让受助者内心深处的爱与灵性,在这心灵花园中获得生长,将心理援助和心理辅导,心理治疗与心性发展,以及心性发展与心灵转化结合了起来。

1. "心灵花园"的命名及工作方法

1994年国际分析心理学会对中国的访问,开启了荣格分析心理学在中国的正式发展,同时也开启了沙盘游戏治疗在中国的发展。在心理分析实践与社会服务方面,推出了"心灵花园"公益项目,并在全国各地建立心灵花园工作站近70多所,包括地震灾区心灵花园援助计划和全国孤儿院心灵花园援助计划。

心灵花园公益项目(Garden of the Heart & Soul)是由华人心理分析联合会、广东东方心理分析研究院、广州灵性教育有限公司、国际分析心理学会暨国际沙盘游戏治疗学会华人发展组织等共同参与推动的公益项目。项目的推动和发展过程中受到趋势科技、南海渔村、珠海博爱幼儿园、进德公益、石家庄市未成年人心理维护中心、刘正军、蒋范华、厉云花等的资助,其中广东东方心理分析研究院主办的课程培训收入作为心灵花园项目的资金主要来源。其项目全称为"中国孤儿院心灵花园公益项目",为推动全国孤儿院"心理关怀"和"心理援助"工作的展开,于2007年设立项目,旨在为孤儿的心理成长提供专业性支持。申荷永、颜泽贤、徐峰、高岚是最初的倡导与策划者,柳蕴瑜、罗少霞、邵朝阳、尹立、李杰媛、刘建新和范红霞等参与了有关的组织与推动。

就"心灵花园"的命名我专门采访了张敏教授,张敏老师是国内第一届的心理分析博士,是广州心灵花园的负责人,一直从事中国文学,尤其是《诗经》与心理分析的研究。她从古老的《诗经》中,寻到了"心灵花园"命名的答案。

张敏(图3-6)专访纪实,2015年6月5日,澳门城市大学沙盘室。

图3-6 张敏老师

问题:张敏老师您能谈谈您对心灵花园的理解吗?

张敏老师:接受内心快乐的体验是我接受心理分析的一个原动力,我们身边的很多人面对自己是否生活得幸福和快乐的问题的时候,回答都是不确定的。现代的科技水平如此发达都体会不到快乐,那么我们的祖先在几千年前是如何体验生活的快乐的呢?《诗经》中记载古代的人们对生活快乐的体验是很多的,《诗经》有云:"南有樛木,葛藟累之。乐只君子,福履绥之。"描述的就是一种类似于心灵花园所呈现的状态。意思是说,有一棵长得非常繁茂的树,在阳光之下,全身被各种藤蔓所缠绕,"君子"即我们的祖先看到这样一幅情景,都感受到一种生命力旺盛的美好和快乐的内心体验,而这种快乐的感觉就像自己的鞋子随时跟随着自己一样。心灵花园和心理分析所做的工作的最终目的是帮助人们寻找这种内

第三章 整合与体验：荣格心理学在中国发展的意义

心快乐的体验，这也是寻找内心心灵花园的过程。

心灵花园从一开始用的就是"心理援助"，而不是西方心理学所强调的"心理干预"。在心灵花园，工作者们尤其重视守护、陪伴与倾听，在守护、陪伴和倾听中，建立起心理辅导的关系，并以此为基础，来实现心理援助和心理辅导，以及心理治愈和心理转化的目的。

申荷永老师在其著作《三川行思：汶川大地震中的心灵花园纪事》一书中对心灵花园的工作方法和技术做过详尽的介绍，他曾经在被问及"心灵花园"所使用的工作方法和技术时回答道："我们用的是慈悲疗法。"并对汉字中的"慈悲"进行过详细的论述。若是将"慈悲"称之为一种"疗法"的话，那么，这慈悲的心理内涵，以及其方法和技术性的意义，也就充分体现在其汉字的结构中。

若是将其置于四川震区心理援助的背景中，"悲"之内涵显而易见。《说文解字》注"悲"为"痛也。从心非声。"心非为悲。心之所以非则悲矣。更有注者曰：有声无泪曰悲。观其小篆字体和字形，"心非"之说历历在目。何谓"心非"，非者，违也。《说文解字》注"非"为"违也。从飞下翄，取其相背。凡非之属皆从非。甫微切。""非"的甲骨文字形则更突显其意，同时"非"之发音与"飞"相近，也有飞离之意象。"悲"发音近"背"和"北"，其义也多有相连。于是，悲者，便含有"违背"或"远离"其心的寓义。若是按照当代心理学，尤其是临床心理学的理论，那么，若是遇到巨大的压力，比如灾难和创伤的时候，势必会产生"分离"甚至是"分裂"。尽管我们可以把这种"分离"和"分裂"看作是一种"自我防御机制"，但是，我们却要为这种"防御"付出代价，比如注意力涣散、记忆力下降、生活习惯的改变，以至于失眠、厌食、焦虑、抑郁，甚至患上创伤后心理压力综合征。

《广雅》中将悲注解为"伤"。《诗经·小雅·鼓钟》有"忧心且悲"。《诗经·召南·草虫》描述了"我心伤悲。"在我们中国人的用法中，"悲"意多为哀痛之深，不可抑遏而形之于外者，如悲叹，悲泣，悲歌等，皆指此一哀痛之情的表现。正如《淮南子·原道训》中对"悲"的分析和理解："忧悲多恚，病乃成积。"可见，这"悲"若是未能处理，将会导致心理疾病的发生。当面对"悲伤"时，包括如"5·12大地震"所引发的巨大的悲伤，西方的临床心理学和心理治疗师们又有何理论和建议呢？一般来说，对于悲伤，由悲伤所引起的"分离"和"分裂"，以及由"分离"和"分裂"所引发的心理疾患，主要的心理治疗技术路线，便是"建立关系，重新连接"——association。

《说文解字》注"慈"为"爱也。从心兹声。疾之切。"《左传·文十八年》中有"宣慈惠和"之说，《左传注疏》中发挥为"慈者，爱出于心，恩被于物也。"《增修互注礼部韵略》中进一步将"慈"注释为"柔也，善也，仁也。"观"慈"之古字形，心理学之重建连接，建立关系之说凸显生动。若是说"悲"为"心非"，心之违背和分离，那么，"慈"便是"心在"，念兹在兹，不敢忘怀。"兹"与"滋"有关，含滋养义，正是心灵花园中包涵的意象。

心理分析在中国以中国传统文化为滋养，分析心理学团队所追求的，不仅仅是症状的治疗，而且是心理的治愈，是心灵的成长与转化。这也是心灵花园的基本主张，在这种理念中，同样包含着用创造来转化创伤的工作方法和技术。中国文化和哲学中的"危机"思想，一般被解读为危险与机会并存，在20世纪90年代，这一解读影响到了许多美国从事"危机干预"或"心理干预"的研究者的思想。但是，危险又如何能够成为机遇和机会呢？其中的关键在于"转化"。在心灵花园的实践过程中，通过创造或创造性的活动，来促成转化，犹如化悲痛为力量。在这种意义和层面上，心灵花园的工作并不轻易采用西方的行为脱敏、宣泄释放或暴露疗法，而是充分体现中国文化的智慧。

申荷永教授也曾把心灵花园的专业技术，总结为以下3个层面。

首先是建立关系，建立一种有效的专业性工作关系。建立关系基本上是从事临床心理学工作的研究者的共识，但是，建立怎样的关系以及这种关系的内涵却并没有被确定。心理分析所强调的是建立安全感、现实感，建立共情的关系，建立自由与保护的空间，获得一种包容和容纳；既注重在一般的意义上，也注重在无意识的水平上来建立这些关系，包括与来访者内心深处的情结或受伤的那部分建立关系。再进一步，如何才能获得这种有效的关系呢？心理分析采用了共鸣的技术，采用了意象体现和身心技术，采用了主动倾听和体认与体证等技术，充分考虑了文化资源，比如羌族文化和羌族的音乐和舞蹈，发挥了文化仪式的治疗作用，以建立这种有效关系。

其次，在所建立的有效工作关系的基础上，采用象征性的寓意表达，比如沙盘游戏治疗技术和意象体现与梦的工作技术，以及情景性感应技术等来进行专业的辅导工作。心理分析所强调的是守护与陪伴、陪伴与倾听，尤其是与积极想象相结合的主动倾听。

最后，心理分析将前面两个方面的工作，落在心理重建上。强调以心为本，以关爱为基础，追求生活与存在的意义，将心理援助与心理辅导，治疗与治愈以及心性发展，乃至心灵的转化结合。采用的是积极心理辅导，强调来访者的主动性，用创造转化创伤，从治疗转向治愈。

在心灵花园完成了沙盘游戏的来访者如图3-7所示。

图3-7 在心灵花园完成了沙盘游戏的来访者

2. "心灵花园"发展现状及实践意义

心灵花园从成立至今已经10余载，在大部分省份都建立了"心灵花园"的公益心理援助工作站。在中华大地上践行着心理分析团队对心灵的守护与陪伴，呼唤着人们内在心灵的爱跟灵性。截至2023年底，在全国范围内儿童/社区福利院、孤儿学校共建立90个心灵花园工作站点。心灵花园公益项目的志愿服务对象是福利院、孤儿院为主的福利机构中的孤儿、寄养家庭的"孤儿"、孤独症儿童、脑瘫儿童。

心灵花园本着以心为本，以爱为基础，以灵性为基调，以守护和陪伴、慈悲和滋养、创造和转化的宗旨和目标，默默地耕耘和努力着。2006年，申荷永教授和高岚教授开始筹备在孤儿院建立心灵花园，2007年正式启动后便带领学生全力投入工作。心灵花园项目是纯公益性质的，其中不涉及任何费用，所有参加志愿服务的志愿者都通过自愿申请加入各地工作站，对福利院或孤儿院的特殊群体儿童开展服务。

2008年5月12日，汶川发生地震。申荷永、雷达、高岚、尹立、范红霞、刘建新等带领心理分析专业志愿者团队，在地震发生后第一周即赶赴四川震区，先后建立了汉旺东汽心灵花园工作站、北川中学心灵花园工作站、汶川水磨小学心灵花园工作站、映秀小学心灵花园工作站、德阳南滨心灵花园工作站、德阳天元心灵花园工作站、东汽中学心灵花园工作站、东汽小学心灵花园工作站，以及成都SOS孤儿村心灵花园工作站，先后投入300余人次的专业志愿者，历时3年陪伴震区同胞渡过难关，一如既往地守护受难者的心理复原，这是奔赴震区最早、坚持工作最持久、工作最富成效的专业志愿者团队。国内主要媒体，都陆续报道了"心灵花园"心理援助和心理重建的工作和事迹。

2010年4月14日，青海玉树发生7.1级大地震。申荷永的兄长申荷亮随军奔赴玉树参加救援，心理分析博士项锦晶在博士论文答辩的次日也赶赴震区参加心理援助。随后，申荷永、高岚、邵朝阳、韩湘漪等携带数十箱物资赶赴玉树，与西宁心灵花园志愿者曹斌、谭晓娟等会合，并在玉树孤儿学校和玉树上巴塘拉吾尕小学建立了心灵花园工作站，培养了当地的志愿者。心灵花园志愿者团队在玉树震区的心理援助工作，获得了洛卓尼玛仁波切等诸多活佛的支持，与玉树藏地朋友建立了深厚的友谊，接受了青藏高原三江源头的洗礼，充实了心理分析的基础，扩展了心灵花园的模式，促进了心理分析与中国文化的发展。

"5·12汶川地震"过去7年后，在摄制组2015年5月12日赶赴北川中学采访的时候，其他的社会以及国际救援组织已经逐渐撤离，只有心理分析团队的心灵花园，一直守在古老的山脉之中，分析心理学的志愿者们依然默默地工作和努力着。"心灵花园"充满着爱的灵性与智慧，在这里，爱是能够使人超越，能够使人崇高的一种精神。《论语》曾记载孔子的名言——"仁者爱人"。在心理分析的工作中，爱是一种身体力行的实践。当你能够真正实现爱的时候，就能够获得对"仁"的理解，也就能够真正理解爱中所包含的心理分析的意义和心灵花园转化的力量。[①]

3. "心灵花园"是灾难中的心灵救赎

真正的心理分析，是要在生活中完成的；真正的心理分析的意义，也要在生活中实现。心理分析的专业行动，可以视为心理分析团队的自我救赎。震区的心理援助，可以看作是心理学自我救赎的机会。古有明训：先存诸己而后存诸人。自身不存，又何能去真实地救助呢。[②]

2008年的5月12日，四川省汶川县发生地震，震中为北川县的牛眠沟。此地是羌族文化的发源地及守护地，当地百姓都是大禹的后人，守护着中华民族最古老的文化血脉。在此次地震灾难中，羌族血脉受到了重创，因为北川县城整个被周围的大山埋了进去，当地老人称为"包饺

[①] 申荷永. 三川行思：汶川大地震中的心灵花园纪事[M]. 广州：广东科技出版社，2009：87-88.

[②] 申荷永. 三川行思：汶川大地震中的心灵花园纪事[M]. 广州：广东科技出版社，2009：23.

子"，这种灾难对一脉文化而言无疑是灭顶之灾。受灾最严重的首当其冲是北川中学。当时，世界各地的志愿者们第一时间纷纷赶往震区，不畏余震的艰难开展各种救援工作。分析心理学团队也及时赶往震中，对当地的学生及家长进行心理援助。根据北川中学刘亚春校长的回忆，心灵花园的工作是非常及时和有效的，亦是心理分析在中国发展历史过程中的重要实践。

刘亚春校长（图3-8）专访纪实，2015年5月12日，北川中学。

图3-8　刘亚春校长

问题1：尊敬的刘校长，您能谈谈在北川中学重建的过程中，心灵花园对学生心理健康的成长发挥了什么样的作用？

刘校长：这个问题比较大，我想从3个阶段来谈。心灵花园在2008年5月29日进入北川中学校园。当时的学生和老师都在帐篷中，我当时对这个项目并不了解，当时只是看到来了很多志愿者，进行心理健康的心理援助，这个方面的资源很多。他们中间有很多大学生，也有很多社会上这方面的工作者。当时的地震情况比较紧张，我考虑用一种比较低调的方式去处理灾后学生和老师之间的情绪。当时，申教授和高老师来到北川中学，我看到场地上有很多小孩在做沙盘游戏，特别是一些孤儿和单亲的孩子，由于地震失去父母之后情绪比较低落，但是他们在和志愿者做沙盘游戏的时候玩得特别开心。后来就在板房里面成立了心灵花园工作站，也来了更

第三章 整合与体验：荣格心理学在中国发展的意义

多社会方面的志愿者，这个阶段的面扩大了很多。虽然最初就是一些孤儿或是单亲的孩子情况比较特殊，但是情绪会传染的。有些孩子表面上看似没什么问题，但实际上从这些孩子的内心上来讲，可能比有问题的还有问题，心理问题可能更严重。

在多次的交流当中，高老师和沈老师都跟我谈到这个问题，这些问题我也发现了，特别是在我的工作方式方面，有很多矛盾和压力，需要想办法来解决。心灵花园对学生进行工作还容易一点点，因为心灵花园的工作人员都有专业的技术和方法去跟学生们沟通，引导学生们的效果都比较好。第一个阶段就是两位教师针对教师做一些工作，通过交流与沟通，他们发现老师中也存在着许多问题，在我的办公室跟我也谈论了很多。我个人当时也没有时间去处理这种带有矛盾现象的事情，心灵花园在第一个阶段就主要开始协调内部人际关系，主要是教师队伍和团队合作的问题，并化解矛盾，用三年的时间让这所学校的各个流程进行一个恢复。

北川中学从2008年到2011年，这个阶段要完成"三年恢复"的目标，各个方面的水平都要超过以前的水平。2010年8月，我们搬到新学校，心灵花园也跟到了新学校。我搬到新学校之后，很多机构都撤掉了，我的工作也很难，特别是关于北川中学的办学理念的问题。如果说重建一所学校，教学理念不清楚的话那是没有意义的。我不认为学校现在就是为了高考，为了分数，一个学校从文化上讲没有什么内涵，在管理的角度就是从权威的角度去管理。申老师和高老师不仅仅局限于做心灵花园这样一个项目，在整个的沟通和交流中，他们不仅对学生进行工作，还协调校长与学生、校长与老师之间的关系，是以我这个校长为中心开展工作的。这样增进了校长与老师、学生之间的相互了解、信任和认同。当时我们实际上预计在2011年实现北川中心的三年恢复，而实际上我们提前半年就已经达成了各方面的指标。北川中学是在这次灾区中恢复得最好、最快以及最全面的一所学校。因为有心灵花园一直以来的支持，所以这也是一个自然的结果。

对于北川中学而言，第二个发展阶段是"六年提升"阶段。就是到2014年，北川中学的各方面的教学水平都要提高到一个很高的水平，包括管理、教学、学生社团以及特殊教育，心灵花园在这个时候主要就是进行一些机构的建设和解决班级上的一些具体问题，包括心灵花园志愿者经常会对学生做一些沟通和工作，这实际上是在基层的校园里做基层的工作。很多教授并不用很多纯理论的说教对我们的学生和老师进行工作，而是抓住一些典型的个案，以一些典型的变化来带动一个班级乃至整体学校的变化。我觉得心灵花园的工作，看不到什么高、大、上的影子，而是确实看到了实际的效果。近些年来，像我们这样的学校有很多，从2008年地震到现在，学校里伤残学生没有了，但是孤儿还有。孤儿这样一个特殊的团体，我们需要找到一种合适的方法去解决他们的实际问题。

总体上讲，心灵花园在北川中学的工作现在已经进入第三个阶段的工作了，也就是"九年跨越"的阶段。在四川省的县级学校中，北川中学已经是很高水平的中学了。我想心灵花园一定还会支持我们，申教授和高老师都将我作为很好的朋友，我也将他们作为我很好的朋友。

这些年来，通过心灵花园的平台，来到北川的志愿者，做人做事都非常稳重，也非常低调。他们来了之后，我基本上不用操很多心，只是见面之后，做一些最基本的、最简单的安排。我想说的是，我非常感谢这些志愿者，因为他们不怕吃苦，而且跟这里的学生们走得特别地亲近，跟这里的老师也积极地沟通和工作。对我们的管理也起到了很大的作用，最大的变化表现在两方面。比如说从2008到2009年，我虽然是校长，但是我的工作很难很难，所有的矛盾和压力都聚焦到我的身上。学校要发展，我不能不提出一些新的规定和高的要求，这种状况很难发展。2010年搬到新学校，在年底的时候，大家逐渐趋向于认同、团结、和谐，主动追求发展和幸福。到2015年，整个学校没有一个"小圈子"，也就是说那种非正常的人际关系已经没有了。在学校与老师之间，老师与管理者之间，老师与学生之间，学生与学校的管理团队之间没有那种大的矛盾，而是一种团结、

第三章 整合与体验：荣格心理学在中国发展的意义

和谐、阳光、温暖的环境。心灵花园能够将一所学校、一个班级建立成一座花园，北川中学想继续在这个方面发展，让学校成为老师和学生心灵的家园。不管我们学得好不好，教得好不好，一定拥有快乐、健康，去创造自己想要的生活。

问题2：关于北川中学，我们心灵花园还需要做些什么？

刘校长：就北川中学而言，这所学校比较简单。说它简单，是因为自2008年重新建立，人们从浮躁、愤怒的状态下逐渐演变，演变到现在的平静、淳朴。我也经常向申老师和高老师请教，就是在最困难的时刻我也没有想过靠个人的能力或是行政的权力强迫大家去接受某种价值观，因为那样做可能会让事情变得更糟糕。那么我们在做什么呢？我们从责任、使命方面培养教师和学生的荣誉感，这所学校是由那么多人，那么多团队将它援建起来的，那么肯定后续的社会关注度会持续很高。这种处理，要么把它变为一种压力，要么把它变成一种无所谓的态度，就是不理睬的态度。所以我们从培养责任、使命开始，慢慢提出了一个很简单的东西。我记得2009年开学的时候，学校简介是"学会做人，学会做事"。在第二年的时候，就改为"朴实做人，勤奋做事"。就是想让学生和老师看清楚，学会做人、学会做事没有答案，我也不知道怎么学会做人。在震后的一段时间里，有很多人就提出了很多说法，包括一些不太好听的说法。我也觉得，因为北川是大山，我们如何做人，只能朴实做人。而且现代社会的工业文明和科技水平都发展得很快，人们得到的东西跟科技有关，跟现代化有关，而失去的最原始、最纯真的东西就是淳朴。后来大家也都认同，因为朴实做人我也要求不多：第一，为人子，讲孝敬；第二，为人处世讲诚信；第三，就是勤奋做事。为人处世对学生、对老师、对管理层分别有不同的内涵，现在大家都认同这样的价值观。

作为一个学校要提出校训，北川中学的校训是"爱国感恩"，这是一个精神层面的内容，这个不能够只放在嘴上，不仅仅是字面上高高在上的感觉，而是一个想法，是一个价值追求，也就是说我们应该这样做，不需要很高尚，至少做一个有良心的人。"朴实勤奋"就是指要把事情做成功。这8个字其实是一个关于做人的要求，做一个朴实的人，做一个社会大众认可的人。对于心灵花园在北川中学未来的发展，我有这样的一个基本的考虑：近些年来，学校的办学规模还要进一步增加，到明年就接近4000人了，也就算满员了。高考这一方面教育提升也很快，一年一大步。现在就是要把书教好，把成绩考好，让更多的学生能进入更好的大学去上学，这些方面根本不需要我操心。2010—2014年这4年的时间，我们学校考取本科院校的人数越来越多，一本院校也在增加，清华、北大也实现了零的突破。中国的一流大学每年也会有学生考入。今年，我们跟绵阳中学合作办学，第一届联合办学的学生也要毕业了，这样的话在重点大学升学率方面可能还要在2014年的基础上翻一番，甚至翻两番都有可能。这种时候，人们可能就会忽视教育本身的功能，教育的本身功能是给人们教一些基本道理的，养成一些好习惯，高考是一个自然的结果。那么，学生和学生比，老师和老师比，今年和上一年比，在比的过程中会产生一些新的矛盾、新的压力和焦虑、浮躁的问题。一直保持在一种较低水平是一种比较安全的状态，长期停留在一个中等水平也是一个比较安全的环境。从低水平向中等水平发展的过程当中，不会产生大的矛盾。但我们目前处于一个由中等水平向较高水平发展的时候，这个高低是指四川省绵阳市范围内的中学，绵阳市的高等教育在四川省是排第一位的，处在这样一个环境当中，可能会有一些新的问题出现。我们学校自己能够应对这些问题，从心灵花园的角度，让学校以及老师在追求更高教学质量、更高的升学率的背景下，还能够让心灵回归。就是说让心理回归到生活的层面，回归到做人做事的最基本的层面。这样的话，看似我将目标定位在一个低水平的角度，但它最后的结果有可能是一个更高的水平。这是我这几年的一个实际感受，我越想实现一个更高的目标，可能就越难达到这个目标。如果我们按照人生活最基本的需求，人发展最基本的规律，让人们更生活化，就是人们说的生活低调一点、淡定一点，可以让生活更好。

第三章 整合与体验：荣格心理学在中国发展的意义

心灵花园在今年派来了一个志愿者，是甘肃的老师，做过中学的教师，也做过中学的副校长。她来了之后给我们的学校老师做了一些培训，我感觉很有效果，这学期基本上没有学生惹事情了，老师与学生之间的矛盾也少了很多。因为老师如果过多聚焦其个人的工作目标的话，必然会给学生很大的压力。而学生又很年轻，你给他压力，他必然要反抗，之后就会将矛盾摆在我的桌面上来。实际上都不是什么根本问题，就是一个压力转化的问题，问题的根本不是来源于学校的管理水平，而是来自教师自身心理的冲突和不平衡。所以我希望心灵花园将来多派来一些优秀的志愿者，我们欢迎你们。

抗震救灾的过程中，作家雷达不幸在余震中遇难，给当时所有的志愿者都带来了震撼。这也是心灵花园，以及心灵花园的每一位志愿者，所经历的血与火的洗礼，生与死的考验，是心理学面对生命的实践。（详见附录）

图3-9 心灵花园

2008年的6月中旬，中国心理学会、中国心理卫生协会，以及北京有关部委，联合召开了有关"灾后心理援助的总结会议"，申荷永教授本来并没有准备前去参加，而是准备撰写一个有关工作情况的汇报，尤其是就所面对的困难和所发现的问题，提交与会同行们讨论和交流。后来，北京大学钱铭怡教授、中国科学院心理研究所韩布新研究员等会议的组织者来信督促，申荷永教授参加了此次会议。在此次会议上，申教授根据在四川震区一个月左右的见闻和经历，以及由此而引起的一些反思提出了一个论题，即"心理分析与心理援助——心理学的自我救赎"。

　　国内的心理学，从改革开放后的重新恢复算起，也已有30年，本来已有足够的时间和足够的机会，获得应用的成熟和发展。何况，西方的心理学史学家们，早就认定心理学的第一个故乡本来在中国。19世纪末开始，已有无数的中国学者们为中国心理学的发展开拓铺路，做好了发展的基础。而在突如其来的灾难和措手不及的社会问题面前，心理学是否真正做好为社会人民服务的准备了呢？①

　　申荷永在国外10多年，完成心理分析训练回国的时候，已具有国际分析心理学会心理分析师，以及国际沙盘游戏治疗学会、美国沙盘游戏治疗学会心理治疗师的专业资格，便想着将自己所学服务于祖国，做一些对人生有意义的事。他将心理分析在中国的宗旨描述为：对心理学和生活意义的追求。在心理分析发展的过程中，心理分析团队坚持每周都有专业讨论，每周都有个案督导的学习模式。国际分析心理学会、国际沙盘游戏治疗学会和国际意象体现学会每年都派资深心理分析师前来中国进行指导帮助，所有的学生也都有参与专业实习的机会。在心理分析专业学习和训练中的最重要的一个部分，便是当国家需要的时候，我们会尽力而为，会全力以赴，会将心理分析团队的决心和勇气付诸实践！

　　在一封北川政府领导人致心灵花园的感谢信中这样写道："地震虽然摧毁了北川的整个县城，摧毁了北川中学的校园，但是它却不能，永远不能摧毁作为大禹后人的精神，永远不能摧毁我们北川中学人不屈不挠的意志。因为支撑我们的是你们，是全国，是全世界的人民……灾难终将过去，阳光还会灿烂。亲爱的老师和同学们，请你们相信我们，就像我们相信你们一样，我们会很快地走过困难，走出苦难，会把每一天活得更加有意义，也相信你们一定会让你的生活变得更加幸福，更加精彩！最后，再

---

　　① 申荷永. 三川行思：汶川大地震中的心灵花园纪事［M］. 广州：广东科技出版社，2009：30.

次向你们表示诚挚的谢意，祝福你们健康平安，祝福心灵花园的志愿者、华人心理分析联合会、华南师大和复旦大学全体师生幸福快乐！"

据当时记载，网友在网上看到"送雷达"之后留言说："带着震惊，流着眼泪读完这篇祭文，在此献上对逝者崇高的敬意和对生者深深的祝福！心灵花园的志愿者们，辛苦了！苍天看得见，你们所救赎的不只是北川师生的心灵，还在血与火，生与死中拯救着中华民族乃至全人类的良知、精神和灵魂……"[1]

心灵花园能够将一所学校、一个班级建立成一座花园，让学校成为老师和学生心灵的家园，拥有快乐、健康，去创造自己想要的生活，这便是心理分析的实践和历练之意义，更是心理分析的现实意义。

（三）表达性艺术治疗之自由与保护

以荣格心理学理论和中国文化为基础的沙盘游戏治疗技术，也常被称为"表达性艺术治疗"和"非言语治疗"，是一种实实在在的以视觉艺术呈现的疗愈方式。当来访者在一种有效的工作关系和心理分析的氛围中进行表达，如沙盘游戏治疗的创立者多拉·卡尔夫（Dora Kalff）所说的"自由与保护的空间"，或荣格所强调的"容纳和包容"的关系，这种表达和表现本身，便具有心理辅导和心理治疗的意义。同样，我们不仅可以通过述说来表达，我们也可以通过象征（如沙盘游戏）和我们的身体（如手），来表现和表达。同时，心理分析的这种表现和表达，是与创造和创造性活动密切关联的，基本理念是用创造来转化创伤。

1. 沙盘游戏技术在中国的发展现状

沙盘游戏在中国已经发展30余年，在发展过程中，申荷永教授和北京师范大学珠海学院的张仁生教授都起到了非常重要的研究和推动作用。沙

---

[1] 申荷永. 三川行思：汶川大地震中的心灵花园纪事［M］. 广州：广东科技出版社，2009：231-323.

盘游戏疗法在中国可以说是直接在他们二位老师的领导和努力下进行的。作为沙盘游戏在中国发展的主要推动者和实践者，刘建新教授做出了许多工作和研究。

刘建新教授（图3-10）专访，2015年6月9日，澳门城市大学。

图3-10 刘建新教授

问题1：您能谈谈你了解中的沙盘游戏在中国的发展吗？

刘建新教授：很高兴有机会谈这个问题，我理解中的，或者是我了解的沙盘游戏在中国已经发展数十年了。在这数十年的发展过程中，我自己做了一个总结。首先沙盘游戏在中国的发展要感谢申荷永老师，还有北京师范大学珠海学院的张仁生老师。沙盘游戏在中国发展数十年是直接在他们二位老师的领导和努力下进行的。

在中国，特别是跟分析心理学有关的领域内，两位老师让越来越多的人认识了沙盘游戏，做到了很好的"传道"作用。另外，申荷永老师建立了自己的专业团队，这个专业团队既体现在做研究方面，还体现在做应用的方面。在中国，分析心理学团队取得了相应的学术成果，包括硕士博士论文和相关书籍。沙盘游戏在全国范围内推广和使用，并在培养心理分析团队的过程中发挥作用，比如说治疗师的团队、培训师的团队。在国内已经有很多知名的培训团队将沙盘游戏治疗技术作为一门专业的培训课程进行。

第三章 整合与体验：荣格心理学在中国发展的意义

在日本，沙盘游戏也称作箱庭疗法，在国家的层面上其发展是非常先进的。经过我们五六年的努力，时至今日，不论是在理论研究的深度、广度方面，还是在沙盘游戏应用的广泛、持久方面，在国家的层面上，我们都超过了日本当前的研究水平。我是医生出身，讲究"循证医学"，凡事都要讲究证据和资料。首先，从国家层面上讲，中国沙盘游戏发展的水平有很大的提升，并不是超过日本就如何，而是作为参照反映着中国心理分析与沙盘游戏的发展水平，申荷永老师对此也表示赞同。其次，从教育系统中看，最近几年我经常去日本的几个国立大学进行访学和交流，我受邀讲授心理分析与沙盘游戏这门课程，当我面向日本国立大学的心理系和教育系本科生和硕士生讲述这门课程的时候，他们大多数的人还不知道相关理论和实践应用。其中个别人知道"箱庭疗法"的概念，而并没有实际操作或是应用。根据对日本沙盘游戏发展的实际考察，从教学、理论研究及应用3个方面开展，得到的结果是日本相关学术文章数量不多，距离国内相关研究差距较大。

沙盘游戏在中国的发展目前已经受到国家政府及相关社团的重视，中央电视台也做过相关的宣传，现阶段也影响到部分商业工作者。国内的商业工作者关注沙盘游戏治疗的发展分为两个阶段：第一个阶段是设备的交易，例如关注沙盘、沙具的商业价值及商机；第二个阶段主要是将沙盘游戏治疗作为一种技术整体推广，例如一些合作伙伴将沙盘游戏在妇幼保健系统中推广和应用。申老师和高老师邀请很多沙盘游戏治疗的国际专家访问中国，并进行相关教学工作，使得国内许多沙盘游戏爱好者与国外专家成为好朋友，对沙盘游戏在中国的发展都起到了重要的作用。

沙盘游戏治疗技术在中国不仅仅针对学术研究，更重要的是实践工作，例如心灵花园在福利院的工作，以及在几次地震期间对灾区的孩子和教师的心理救援工作。

问题2：您能谈谈"沙盘游戏中国化"的问题吗？

刘建新教授：沙盘游戏进入中国，尤其是在申荷永和高岚老师的带领下，已经进行很多沙盘游戏的中国化。比如：在中国，特别是中等以上城市的中小学、幼儿园里，沙盘游戏的设备几乎非常普遍，对沙盘游戏治疗师的培训也比较普及。另外还有"心灵花园"公益机构，目前在全国各个省份几乎都有心灵花园的分支机构。这两种形式在全国各地的普及，沙盘游戏治疗的应用模式以及应用技术的呈现，在日本、瑞士等国家是没有的。这是由中国实际国情所决定的，也是"沙盘游戏中国化"的表现。

在培训方面，沙盘游戏治疗培训，培训什么样的对象、培训什么样的治疗师、用什么样的方法培训，以及为什么样的群体服务与工作等问题，都是对我们的挑战。去年，我去欧洲学习，到了瑞士、奥地利，与当地的沙盘游戏治疗师进行一些深层的交流和接触，让我更坚定我们在中国培养沙盘游戏治疗师与欧洲不同的观点，因为最基本的国情不同。

在沙盘游戏培训的模式上，"一对一"的培训模式与工作模式在中国也许不能成为主流，因为我国人口众多。无论是在教育系统、司法系统，还是妇幼保健院以及小区之中，沙盘游戏治疗设备已经铺天盖地，但是面临的问题和困难也很多。我的调查结果和还在实施的调查研究显示：在某地区的教育系统，通过抽样调查，沙盘游戏设备在中小学的闲置率为90%（在一周内，沙盘游戏治疗设备应用不超过两人次/小时的情况，定义为闲置）；司法监管系统中，95%的沙盘游戏设备在闲置着；在国内一所大型妇幼保健机构中，其儿保科主任告诉我说，他们每年的儿保科就诊量是两百多万人次，但是他们的沙盘游戏设备被用来当作书架、鞋架……这些现实令我们反思，重新定位我们到底要培训什么样的治疗师，为什么人服务，以及怎么培训的问题。沙盘游戏在中国这么多年的开展，申荷永老师、高岚老师、张仁升老师等都做了很多的努力和铺垫工作，而现在我们要做的就是让沙盘游戏设备充分地应用起来，让沙盘游戏疗法在中国深入、广泛、持久的应用。

在我国，沙盘游戏疗法目前主要在妇幼系统中应用。在妇幼保健系统中，现在我们使用沙盘游戏干预儿童孤独症，尤其是全国各地的心灵花

第三章 整合与体验：荣格心理学在中国发展的意义

园也都在进行儿童孤独症的研究。儿童孤独症被认为是在和心理密切相关的症状人群中增长速度最快的病症。所以，每一个学习心理学的人，都有责任去关注孤独症儿童。在这其中有两个案例让我特别有感触，有一个案例是，我们应用沙盘游戏治疗的技术干预的一个孩子，从5岁～8岁用3年的时间，累计干预三四百个小时，家庭花费几十万元的治疗费用。孩子的母亲就是有一个请求，希望孩子能开口叫一声"妈妈"。经过这3年的努力，当孩子真真正正开口叫了一声"妈妈"的时候，这位母亲热泪盈眶。另一个案例是大连一名小学的跟读生，这个孩子能够正常上学，首先要感谢班级的同学、老师，以及学校领导。曾经在珠海就发生过一名学生是儿童孤独症患者，想要跟班读书，但是对正常的孩子会有一些影响，班级其他同学的家长就不允许这名学生跟班读书，当时还引发社会的争论。因此，这名大连的孩子可以跟着读书是很幸运的。为了帮助这个孩子更好地融入学习生活，我们用了两年多的时间，通过将近100个小时的沙盘游戏对这个小孩进行干预。如今，干预成果已经显现出来：这个孩子开始出现接触其他同学的行为了。从这些方面看，这可以说是我们心理干预的一个成就，可是从另一方面看，我们也反思，做了这么多的工作从效率上说是不是"事倍功半"呢？在思考这个问题的时候，我就在想，我们是不是可以将沙盘游戏的干预提早一些呢？所以，我提出一个沙盘游戏干预人们生命全程的干预计划。从儿童孤独症的预防角度来说，要让这些孩子发生儿童孤独症的概率减少一些，是不是可以从母亲肚子里就开始干预，甚至是从还没有在妈妈肚子里的时候就开始干预。

近些年来对我们研究有利的条件就是澳门城市大学与中国妇幼保健协会的合作。我们做了沙盘游戏干预孕妇的一些工作，虽然目前案例还比较少，但是我们能够观察到的效果是非常可喜的。在学术研究方面已经完成了两篇硕士论文，还有一篇博士论文正在进行。而且现实状况是，参与干预沙盘游戏的孕妇比不参与的孕妇在0到6个月的婴儿观察的过程中，婴儿的依恋关系及安全感系数是有明显不同的。婴儿观察是心理分析专业的

无意识的智慧
——荣格心理学与视觉艺术研究

强项，在中国也有专门的婴儿观察小组，并有国际专家Brain教授的专业指导。在此基础上，我们还会进一步地深入研究和工作，这也是我在沙盘游戏应用领域中所做的工作。近期，上海妇幼保健中心也要与我们开展合作，在上海妇幼保健中心下属的18个分支机构开展沙盘游戏的干预项目，希望我们在技术和研究上给予他们支持。还有就是新疆喀什地区的沙盘游戏合作项目，在帕米尔高原，心理分析的"春风"还没有吹到我们的少数民族，当帕米尔高原的一位幼儿园园长，听到有这样一个为了孩子的心理的合作项目的时候，激动得流下了眼泪。我对新疆人民的承诺是我们心理分析团队每个月至少有两人次的专业团队对他们进行沙盘游戏的培训工作。不仅仅是在喀什市，还包括区内其他乡村学校，一些地方据我了解还没有通公路，需要一天的时间乘坐驴车或是牛车过去。我很欣慰的是喀什市教育局和当地泰能心理培训学校对我们的支持，更重要的是我们心理分析的团队支持，大家表示不要任何报酬，利用假期，只想为需要我们的地方尽自己的绵薄之力。

沙盘游戏在小区的发展也比较迅速，是评价和谐小区的一个指标。我们在全国几个省、市及自治区做了这样的尝试：与一个城市的一个很小的小区机构合作，开展沙盘游戏进小区的工作，培养了大批的能够服务于小区的相关人员，得到了当地民政部门的鼓励和支持。沙盘游戏在小区服务民众方面，收到了良好的社会效果，得到了政府部门的信任和肯定。我们也尝试在全国更多的地方开展这种模式，让沙盘游戏进入更多中国居民的现实生活，发挥作用。

问题3：沙盘游戏或心理分析师是如何让人们受益的？

刘建新教授：首先是申老师的理论书籍和外国专家的指导，在此过程中我们都受益匪浅。其次是在沙盘游戏治疗技术的实践应用过程中。我将沙盘游戏定义为"团体体验式沙盘治疗心理技术"，因为我从医学背景出发，对名称的命名较为严谨，将沙盘游戏定义为一种心理技术，是从临床医学角度出发的。在妇幼保健系统中开展沙盘游戏治疗心理技术的应用过程中，我面临两个问题。

第一个问题关于培训。参加培训的过程是一种让自己直接受益的过程。很多参加培训的人说道，尽管自己在工作中应用不多，但就只是参加培训的体验过程，足以让自己受益。在开展培训的实践过程中，我们也形成了我们的培训理念：只注重治愈和陪伴，不去进行评估、诊断、解释及评价。所以沙盘游戏在中国的培训带着一种游戏的心态，是一个积极地关爱和陪伴，耐心地倾听和等待，静静地欣赏和守护，用心地感受和关照的过程。在这样的培训过程中，参加培训就已经很受益。不仅是自己受益，一个人变了，他的家庭也变了，家人也跟着受益。

第二个问题关于应用。例如，将沙盘游戏应用到孕妇的情况。现在生育的主力人群是80、90后的人群，记得一位全国资深的儿保科主任跟我说过，现在的80、90后孕妇，在怀孕和生育之后，出现两大类情况：一类是怀孕期间或是产后出现严重心理问题，比如孕期产生抑郁的人数在增加，程度在加重；另一类是在进行孕期干预或是生产后心理干预的过程中，传统的心理干预方法效果不明显。虽然传统的认知或是谈话的方法对1980年之前出生的孕妇效果还不错，但对相当一部分80、90后孕妇和产后女性的效果不明显，甚至起到反作用，并引发极端现象的发生。而沙盘游戏这种非言语治疗技术是对这类人群较为有效的心理干预技术和方法。沙盘游戏治疗技术对在学校、警局，以及医院工作的这类高压力人群也有良好的缓解压力的作用，沙盘团体培训的模式在实践中也得到了认可。让人们关注自己的内心，相信自己内心的积极心理质量，相信沙盘游戏的治愈作用，内外和谐，让我们的人格更完善。

2. 沙盘游戏治疗在中国的实践与应用

沙盘游戏治疗技术在中国不仅仅针对学术研究，更重要的是实践工作。

自2012年澳门城市大学成立应用心理学专业开始，澳门城市大学与中国妇幼保健协会在全国妇幼保健系统领域，展开了一系列的相关研究与合作：主要是将沙盘游戏疗法应用于儿童孤独症及孕妇的临床干预研究。

2014年年底，申荷永教授、刘建新教授及其心理分析团队，针对新疆喀什的少数民族地区进行了公益沙盘游戏培训工作。新疆等少数民族的集体文化无意识感很强，在他们的心目中，民族自豪感是第一位的。对于新疆这些少数民族的心理辅导教师的培训和指导，目的之一就是让其优良的民族形象在国内世人面前展示。喀什的几个教育机构和喀什教育局与心理分析团队的合作目标，是5—10年的时间，为新疆培养出一批民族心理分析与沙盘游戏治疗师，主要针对从幼儿园到中小学的孩子们，让他们接触沙盘游戏。

沙盘游戏在中国的实践应用，不仅仅在学校教育机构，还已经囊括医疗、司法、艺术等多重领域。更重要的是，在中国政府构建和谐社会的方针影响下，各地在构建和谐小区的发展过程中，已经逐渐将沙盘游戏疗法服务于民众，作为评价和谐小区的一个指标。截至2015年，在全国几个省、市及自治区已经做了尝试。沙盘游戏疗法在小区服务民众方面，收到了良好的社会效果，得到了政府部门的信任和肯定。全国更多的省份已经在尝试开展这种小区模式，让沙盘游戏进入更多中国居民的现实生活，发挥作用。

香港的发展起步较早，至今已经有非常成熟的荣格心理分析发展小组。自2013年澳门荣格发展小组成立之后，开始进行沙盘游戏的培训和心理辅导工作，在个人和团体两种沙盘游戏疗法模式同时进行的过程中，人们减轻了工作压力，提升了幸福指数，收到了良好的社会效应，并深受澳门青年局及政府相关卫生部门和劳工部门的支持和肯定。并于2015年5月成功举办了澳门"当代青少年成瘾性危机干预与治疗"学术研讨会。在2015年7月举办的澳门科技周暨科普成果展览会中，沙盘游戏治疗方法被邀参会展览，是澳门特别行政区政府和民众和对沙盘游戏疗法实践应用的肯定。

3. 沙盘游戏在中国未来发展面临的问题

在中国，对于沙盘游戏治疗培训，培训什么样的对象、培训什么样的治疗师、用什么样的方法培训以及为什么样的群体服务与工作等问题，都是对我们的挑战。

2014年10月，一行40人左右的我国心理分析团队对欧洲进行学术考察。通过对瑞士、奥地利沙盘游戏及心理分析发展状况的调查和研究，以及在多拉·卡尔夫的家中与当地的沙盘游戏治疗师探讨沙盘游戏在中国的深层发展，更加证明了在中国国情的影响下，培养沙盘游戏治疗师与欧洲不同。

申荷永教授以及刘建新院长在沙盘游戏培训的模式上指出："一对一"的培训模式与工作模式在中国也许不能成为主流。我们心理分析团队需要反思，需要重新定位我们到底要培训什么样的治疗师，为什么人服务，以及怎么培训的问题。

心理分析在中国已经发展30年，国际分析心理学会给予了非常大的支持和鼓励。针对心理分析在中国未来发展的建议，前任国际分析心理学会主席Tom Kelly和国际分析心理学会亚洲区负责人Joe Cambary教授发表了自己的看法。

Tom Kelly教授（图3-11）专访纪实，2015年10月23日，澳门城市大学。

图3-11　Tom Kelly教授

问题1：您好，我知道您来中国已经许多次了，您对心理分析在中国的发展历史有什么看法呢？

Tom Kelly教授：我很高兴接受你的采访。我们知道，数十年前，托马斯·科茨与默里·斯丹代表国际分析心理学会来到中国。这是一次历史性的联结，将国际分析心理学会与中国热爱荣格分析心理学的人相连，这是一个非常好的开端。他们的访问很好地将荣格分析心理学介绍到中国，并让中国人了解到心理分析对他们是非常有用的。而今天，我们看到了，在中国，喜欢荣格分析心理学的人越来越多。申荷永教授在1993年就被邀请到美国旧金山荣格学院接受分析和培训，也是国际分析心理学会在中国的第一名分析师，同时我们在中国建立了荣格发展小组，在广州、上海、北京、香港和澳门。我想，心理分析在中国已经与以往不同，有更多的人也想要加入国际分析心理学会，成为荣格心理分析师。对国际分析心理学会来说，这也是一个值得高兴的事情。

问题2：现在越来越多的中国学生热爱荣格心理分析，您能够给我们中国学生的学习以及未来的发展提出一些建议吗？

Tom Kelly教授：这个问题没有一个标准的答案。我认为，作为学生，对荣格心理分析学习的方式是非常重要的。我知道在中国并不是所有的热爱荣格心理分析的人都是在大学里面学习的，甚至在上海、北京以及广州

第三章 整合与体验：荣格心理学在中国发展的意义

有很大一部分爱好者并不是像澳门城市大学这样的专业学生。这种现状就带来了一个问题是大家如何拥有荣格分析心理学的理论经验，以及进行个人的心理分析与咨询。在中国现在也仅有极少数的人通过了国际分析心理学会的考核，成为荣格分析师的人只有四位。但是，我相信在2018年的国际荣格心理分析大会上，中国会拥有足够的荣格心理分析师去建立中国的荣格分析心理学会，这也是我所希望的。但是中国这样的荣格分析心理学发展组织还没有培训的权利，在第二个阶段才能拥有自我培训的能力，那就要求中国必须拥有10名国际荣格心理分析师成员。当然，在国际分析心理学会的帮助和努力下，中国很快就会发展10名以上的国际荣格心理分析师，并具有自己独立的培训资格，也许是2019或2022年，这也是我们所希望的。这是一个漫长的旅程。中国的学者是非常努力的，国际分析心理学会也很努力地帮助中国的发展。

荣格分析心理学在中国的成长，不论是学生还是社会上的人士，已经深刻认识到心理分析对其自身深层发展的重要性，心理分析可以帮助中国人的心灵更加了解自己。而中国的发展是非常快的，在20世纪二三十年代，中国对心理学的了解还不是很深入，而今已经发展地非常快速，人们意识到了理解真实自我的重要性，以及与自我连接的重要性，这发生了很大的变化，跟上个世纪是非常不同的。在未来，我认为，中国在世界的心理分析领域将会成为第四个非常重要的声音。而我们也会将荣格心理分析在中国的发展视作非常重要的发展项目，国际分析心理学会在自我成长与发展的同时，也会随着中国荣格发展组织的成长而壮大，我们是融为一体、相辅相成的。这是非常令人振奋的，也对中国心理分析小组送上我最诚挚的祝福，因为在未来，中国将会有越来越多的人热爱荣格分析心理学。

Joe Cambary教授（图3-12）专访纪实，2015年10月，澳门城市大学。

图3-12　Joe Cambary教授

问题1：您能谈谈您对心理分析在中国发展历史的感受吗？

Joe Cambary教授：是的，荣格分析心理学在中国开始于1994年的一次会议，荣格分析心理学在中国的历史还是比较短暂的。但是对于心理分析的发展而言是十分重要的，1998年第一届心理分析与中国文化国际论坛的召开，令东西方文化有所交流与沟通，搭建了东西方文化交流的平台，我认为这也是受中国发展历史的背景所影响的。心理学虽然是从西方产生的，但是在东方，中国具有古老的传统文化，已经对心灵有所探究，我感觉这是非常不同的。

问题2：您作为国际分析心理学会的亚洲地区负责人与组织者，您能给中国的学生一些建议或指导吗？

Joe Cambary教授：好的。在亚洲，尤其是中国，学习荣格心理分析的年轻人越来越多，他们还没有对深度的心理分析有一个很深层次的理解，那么，这就要求年轻的学生要在自己文化的水平基础上去学习，在今天荣格心理学的发展不像19世纪或是20世纪，当今荣格心理学的发展是一个全新的时代，这就是年轻人需要面对的问题。年轻一代应该如何面对自己的内心世界？应该如何去学习与应用荣格分析心理学？如何与内心世界相连接？这与一百年前是完全不同的。所以，我建议你们要认清楚自己所处的位置以及文化背景，严格按照要求，深入地学习荣格分析心理学。

第三章 整合与体验：荣格心理学在中国发展的意义

问题3：您能谈谈对心理分析在中国未来的发展，您有什么样的展望吗？

Joe Cambary教授：我想在将来，心理分析在中国会继续发展，并不断壮大，这是非常清晰的。并且，作为国际分析心理学会的亚洲区负责人来讲，我希望在中国尽快发展出足够的荣格心理分析师，能够成立一个中国区域委员会，我相信在3年之后，在中国会发展出拥有自我培训权利的区域委员会，我希望中国在将来能够承担为社会培训荣格心理分析师的责任。我希望，在不久的将来，心理分析在中国乃至整个世界都会越来越受欢迎，对每一个人都有帮助，而你们的文化、语言以及历史对世界都是非常重要的。在十几年前的中国，心理学对中国人而言还被视为非常奇怪的事情，而今我已经看到它对中国人产生了重要的影响，所以我非常祝福心理分析在中国未来的发展，并且国际分析心理学会将会继续给予中国最大的支持和帮助！

从两位专家的访谈中可以观察到：心理分析在中国的发展历程在荣格分析心理学的历史上是非常重要的一部分。两位对心理分析在中国未来的发展也给出了中肯的建议，中国与世界上其他国家表现有所不同，中国拥有众多的年轻人热爱荣格分析心理学，和建立在中国传统文化基础上的心理分析，这给心理分析在中国未来的发展注入了强大的力量，但年青一代对自我认识和理解的欠缺，仍是未来学习过程中需要关注的问题所在。

在心理分析在中国未来发展过程中所面临的机遇和挑战方面，从1994年国际分析心理学会第一次访问中国至今，在学术研究领域并没有文献可供参考，对此问题，一些专家和学者给出了中肯的建议。

颜泽贤教授认为：心理分析这个学科发展初见成效，但仍然是任重而道远，因为任何一个学科的发展，包括我个人从事的复杂系统理论的研究，在国际上发展都很快，如果不谨慎，几个月就会发生变化。我们要有这个紧迫感，我想要表达的就是，第一，国际上的学术发展都非常之快。包括这一次第一届心理分析与中国文化国际论坛上的有些报告，特别是有几位发言的关于集体创伤的报告,我认为非常有意义。就我来看,《易经》以及道家的学说与心理分析可以结合起来,中国传统文化还有许多值得挖掘的地方,我们的视野是不是还能够更加拓展一些。例如,儒家的一些思想对心理分析有什么影响,在这方面的研究还不是很多,还需要重新考虑我们的学科发展。在不断发展的过程当中,我们如何做一些调试,能够一直处于国际研究的领先地位,这是一个值得思考的问题。

第二,就是人才要后继有人,现在虽然心理分析团队慢慢形成,但是要多出几个"申荷永"才好,要有年轻人接上来才行,这一点就寄希望于你们了。

第三,就是我知道现在有一种提法叫"心理分析中国化"。我个人不太主张这样的提法,学术很难"化"的,我心里想最好是"心理分析的中国学派"。那样的话,既有我们自己的特色,在国际上也会好接受。心理分析还是国际上的一个课题,我们是东方或是中国学派。而"中国化"就存在一些不太好的看法。我们将我们这一套心理分析理论与方法,在与中国文化融合之后再返回去推广到西方的华人社区去,这个目标还有很大的空间。如果将来在欧洲的华人社区都能够发展心理分析,那发展起来就不得了了,我觉得前景还是非常广阔的。

Jhon Bebee教授(图3-13)专访纪实,2015年10月,澳门城市大学。

图3-13　Jhon Bebee教授

第三章　整合与体验：荣格心理学在中国发展的意义

问题：Jhon Bebee教授，您能谈谈心理分析在中国未来发展中的机遇和挑战吗？

Jhon Bebee教授：首先，我知道，中国现在有越来越多的年轻人喜欢荣格分析心理学，我看到在这数十年里，申荷永老师的学生与爱好心理分析的人越来越多。并且，中国人学习非常努力，这在欧洲其他国家是没有的。我有一些担心，因为中国文化是荣格分析心理学理论的重要因素，而在中国传统文化的原型层面进行深层次的荣格分析心理学的研究对一些过于年轻的人恐怕是有困难的。年轻人更多的只是去学习荣格分析心理学的技术层面的内容，而没有更多的关注自身的文化价值层面。我有时会跟中国学生聊天或是探讨，当他们报告给我一个梦，我在进行工作的时候，他们很快速地就能说出这是属于哪一种人格类型，从而对号入座地进行工作，而不是先去理解梦本身的含义。而这种情况只出现在中国人身上，在其他国家的人身上表现是不明显的。我想说的是，荣格分析心理学拥有更深层的价值，它向中国人展现了更广泛的学习与研究模式，就像一部电影，其拥有的不仅仅是传输层面的内容。

其次，荣格分析心理学在中国的发展还要解决的一个紧要问题：我们的分析师如何准确地，快速地去帮助来访者解决他们自身寻求的问题，也就是如何更有效地进行心理分析咨询的问题。中国人与美国人不同，他们对心理学的态度不够开放，但是我感觉到，中国人的心灵对荣格分析心理学是开放的，而这种现象会让更多的人认识到荣格分析心理学的价值，所以我希望我们的分析师首先能够做好优秀的来访者。只有这样，才能够让真正的来访者感受到一个真实的心理分析师，所以我想说，在中国能够学习荣格分析心理学的人都是幸运的人！

冯建国教授（图3-14）专访纪实，2015年10月20日，珠海闻道阁。

图3-14　冯建国教授

问题：心理分析在中国已经发展了很多年，能谈谈您对心理分析在中国未来发展过程中面临的机遇和挑战这一问题的看法吗？

冯建国教授：这是一个很重要的问题。我还记得，在2002年的心理分析与中国文化国际论坛的结业式上，也有一个提问，我记得是当时我提问大会组委会主席以及申老师的问题，就是你问的这个问题。当时我提问的问题是对于荣格心理分析在中国的发展各位老师有什么样的期望。当时，申老师站起来回答了我的问题，申老师讲："我们已经将心理分析的种子种下去了，至于这颗种子将来如何发展不是取决我们个人，它的发展离不开在场的各位以及大家的努力。"那次的国际论坛来了40多位国际的分析师，也有不少国内的分析师。如果从2002年甚至更早的第一届心理分析与国际论坛说起，从1998年在广州召开，到今天已经快有近20年的时间了，就如申老师当年所讲的，这颗种子从荣格的家乡来到中国已经近20年了，十年树木，20年也许已经长得根深叶茂了。

当然，荣格心理分析与多拉·卡尔夫的沙盘游戏进入中国之前已经具有了很多中国文化的内容了，并经过了申老师的进一步发展。但在实际工作中，荣格心理分析还是需要进一步地结合中国本土文化，我觉得心理分析在中国未来仍然还需要一个漫长的过程。尤其是物质的条件已经走在了前面，现在全国多数省市的中小学、大学，以及监狱系统都在使用沙盘，

第三章 整合与体验：荣格心理学在中国发展的意义

可以说为我们接下来的心理分析与沙盘游戏的实践与发展提供了一个很好的平台。

将近20年的时间里，在申老师、高老师，以及很多外国专家的支持下，已经举办了七届心理分析与国际论坛，并举办了多次专业的沙盘游戏的培训与学习，可以看出申老师与高老师一直在努力地推动心理分析这样一个事业向前发展。正因为老师们的付出以及志同道合的人们聚在一起，还有心灵花园的志愿者们的共同努力使得心理分析在中国的20年快速发展。但是从另一个方面说，也确实是任重而道远：心理分析与中国传统文化的结合确实还有待时日，尤其是形成本土文化。我理解中国本土文化，传统的《易经》，以及儒家、道家、佛家甚至包括医学和武术，既是人学也是心学，所以中国文化讲："自天子以至于庶人，壹是皆以修身为本。"天人合一亦是让我们通过转化自我来顺应自然，顺应社会，顺应生命与自然的规律。在中国传统文化中，已经拥有几千年的实践与规律，上千年的传承犹如儒家所讲的内生外亡，是一种内在生命的转化，先成为一个真正的人，内在的潜能才能激发出来，去服务于社会，顺应自然规律，达到所谓"外亡"的状态。所以，中国文化是以修心为基础的文化，充满了非常系统的如何去转化身心的理论和方法。

荣格心理分析比起中国几千年的传统文化的智慧来说，我感觉格局还是不够宽广，境界也过于小。所以作为中国人，如何利用一颗中国心为中国人提供心理咨询与帮助，仍然任重而道远。我在一些个案的工作过程中，我可以发现中国人身上真的是拥有古老的文化的能量，我非常感激他们。来访者有的时候就会进入一种"空"和"无"的状态，这种状态也许在荣格心理分析过程中都很难去工作与融入。但是，在中国传统文化中却有更深入的方法能够进入人心的更深处，所以一旦深入内心，一定会遇到内心深处的奥妙，而这样的奥妙需要心理分析和沙盘游戏，更需要中国文化，因为中国人的心灵从集体无意识层面本来就包含着文化心灵、历史心灵以及天人的心灵。心理分析未来在中国的发展一定会面临这些，因为我

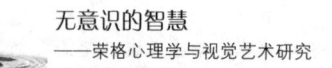

们是面对中国人的心灵来工作。

　　作为一个中国的咨询师，我们自身的发展也充满了挑战。国际荣格分析师和沙盘游戏治疗师人数都不多，我们首先要学习西方，成为一个合格的受国际认可的荣格分析师或沙盘治疗师，我们须要先将西方的技术实实在在地学到，有这样的基础之后，我们须要回到中国传统文化以及中国人的心灵上来，包括我们的文化、历史的传承，一点点地深入中国人的心灵，这种深入需要从我们自己开始，要从心开始，从身心合一，到天人合一。所以我觉得，心理分析在中国未来的发展，不仅仅是取得国际资质，更重要的深入中国传统文化，深入中国人的心灵，这还需要一个漫长的过程。如果我们对自己的心灵都没有一个真实的理解，我们也很难去面对中国人做好心灵的工作。沙盘游戏将咨询师和来访者共同融入了天地人、小宇宙的过程中，所以沙盘游戏在中国未来的发展我感觉还是比较乐观的。平台已经搭建得很好，至于如何向前走，如何将中国文化更好地融入沙盘游戏治疗过程之中，还有待于大家共同的探究和发展，这是我们每一个人的责任。国家在发展，并在大力弘扬中国传统的文化精髓，这也是一个发展的时机，我对未来心理分析在中国的发展充满了信心。

　　从冯建国老师的话语中得知，无论是自由联想的发挥还是积极想象的实践，都格外强调心灵的自主性原则。积极想象与中国文化有着不解之缘，或者说，荣格是从中国文化的学习中获得了对积极想象的智慧和灵感，包含着东西方文化的结合及整合性发展。积极想象是一种认识自我的途径，不仅是心理分析的方法和技术，更是一种具有意象本质的象征性态度，一种深刻的内在心性的修养。

　　沙盘游戏自申荷永教授引入中国，在国际沙盘游戏治疗协会的专家指导之下，在中国已经发展30余年。在实践和应用的过程中，沙盘游戏逐渐形成了具有中国特色并且适应中国国情的沙盘游戏治疗方法和理论。除了应用于学校心理健康、医院以及教育机构之外，沙盘游戏更被广泛地应用于国内妇幼儿童保健领域、司法监察机关，以及小区服务等领域，更真切地进入人们的生活之中。尤其是对北川地震、玉树地震等特殊事件的心理救援工作，沙盘游戏发挥了心理学的社会效用，体现了社会价值及意义。

在中国，特别是跟心理分析有关的领域，越来越多的人认识了沙盘游戏治疗与技术。在实践应用的过程中，沙盘游戏治疗技术的陪伴和关爱，以及在无意识水平上与心灵的沟通与交融成为重要的治愈因素。沙盘游戏在中国的培训是一种带着"游戏"的心态与自己的心灵沟通。治疗师只是积极地关爱和陪伴、守护和关照，耐心地倾听和等待，静静地欣赏，用心去感受。心理分析不仅在沙盘游戏治疗的研究方面取得了相应的学术成果，包括20余篇硕博士论文对沙盘游戏治疗进行专业深层研究，也取得了应用实践的成果。[①]

梦的分析与梦的工作是心理分析最重要的方法和实践。汉语中的"梦"字本身，包含着丰富的意象与寓意。在中国古代有"观天地之汇""占梦"，以及"三梦之法与六梦之辩"之说，都包含着古老的梦的智慧，中国古人称梦的变化乃精神之运，心术之动，不仅仅对梦进行分类，而且对梦的来源和形成也进行深入的剖析。东汉王符所著《潜夫论》中有《梦列》一篇，是现存较为完整的古代梦书之一，在分类的基础上阐释了系统的释梦理论，古代释梦理论的发展，有助于梦的运作的理解与分析。在当代的心理分析实践中，共情被认为是一种治疗和治愈的气氛，或心理分析师应该具有的能力，是尚未能广泛接受的一种方法。在中国文化心理学的理解中，共情、移情和投射一样，一旦对其有足够的理解和抱持的思想，也就可以发挥其方法的意义和作用。申荷永教授在《中国文化心理学心要》中指出：共情所表达的是一种设身处地的同感，即一种能够感受到别人感受的能力。在一般的英汉字典或是某些专业的心理学词典中，未能将共情与移情相区别，对其内涵有些误解。在汉字的"共情"之中，

---

① 王家忠. 建立中国特色的分析心理学[J]. 潍坊学院学报，2011（05）：23—27.

包含了"无心之感"的意境，作为心理分析的一种方法，首先表示一种设身处地、感同身受的能力，通过这种能力体现出感应的作用，或共时性现象的效果。道家的无为和中国文化心理学中的感应心法，是运用共情方法的重要基础。真正的共情不是任何技巧的刻意表达，也不属于任何语言的技能，而是一种专业的素养和真诚的态度。[①]

在中国文化心理学理论基础上，心理分析在中国包含3种水平的深层意义："安其不安""安其所安"及"安之若命"，分别对应心理治疗、心理教育与心性发展，这三者是统一的整体，在分析与治疗中，促进治愈与发展、自性与整合、分析与治疗相辅相成，包含着心性发展的意义和作用，并最终体现在现实生活之中。分析心理学在中国的发展不仅仅表现在学术理论上，在团队建设和人才的培养方面也尤为重视，并收获了良好的成果。在2023年阿根廷国际荣格心理学大会上，中国终于拥有了自己的分析心理学会，即中国荣格分析心理学会，这对心理分析团队在中国的发展具有历史意义，而在这荣誉的背后是努力的汗水和坚毅的心性。成为荣格分析师的过程是一个人迈向自性化道路的旅程，是对内心的探寻和与灵魂的对话。就此话题，范红霞教授为我们讲述了中国荣格分析师的故事。

范红霞教授（图3-15）采访纪实，2015年10月2日，范红霞教授办公室。

---

① 申荷永，陈侃，高岚. 沙盘游戏治疗的历史与理论［J］. 心理发展与教育，2005（2）：127-128.

第三章　整合与体验：荣格心理学在中国发展的意义

图3-15　范红霞教授

问题1：尊敬的范红霞教授，作为心理分析发展的见证人之一，您如何理解心理分析？

范红霞教授：心理分析是一个引领个体，引领人类理心的过程。心灵，形象一点地说，是一种容器，是一种可以大到天地之心，也可以小到"像针尖一样小"。在这个人人都有的、可变化的容器中到底装了什么？这些内容在怎样运动？这些运动对人类的生活、生命又起着怎样的作用？似乎像谜一样强烈地吸引着爱好探索心灵世界的人们，即心理分析的爱好者。

"理心"，正是要引领人类去关注内心世界，去深入心灵内部探究其本质并梳理自我的一个过程。它是对心理学所担负的根本使命——引领人类认识自我的一个深入操作、一种深入渗透。这种关注、这种研究、这种梳理可以使混乱、紊乱的心灵世界更加接近其自然之道，更加接近原本的秩序，更加安宁。心安则万事安，心静则万物静。心都不安，生活又怎能不乱呢？小到干扰个人生活的烦恼，大到国家之间的血腥战争，在某种意义上说，都是一种乱，而这种乱几乎是所有爱好和平的人都不愿意看到的。我想，作为发现了集体潜意识的荣格博士，当年创立分析心理学，或许也包含了他向往人类和平的良好心愿。

因此，在此意义上，心理分析是一种对人类的深度滋养，是一种心灵教育，当然也是一种心理治疗。无论对于有心理疾病、心理问题的人，还

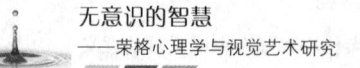

是对于心理健康的人，都不失为一种可以提供帮助的知识和智能——只要我们对心灵内部充满探索的兴趣和勇气。

问题2：在成为荣格分析师的道路上，您有什么最深刻的记忆和感受吗？

范红霞教授：2003年一个很偶然的机会与申荷永老师结识，之后跟随申荷永老师学习中国文化与心理分析。历经2年的访学、3年的博士学习和研究，应该是这样一个机缘，开始踏上学习荣格心理分析与中国文化这样一条道路。后来先后接受国际著名心理分析家——法国的薇薇安、美国的斯丹·马兰的个人分析。就这样在这个成为心理分析师的旅程中一晃10年，10年说起来很漫长，但是也的确感觉非常快，一晃就过去了。那么在这漫长的10年中，孤独算得上是一种很深刻的体验。如果说要用一句话来形容这10年，我觉得它是一个孤独与精神充实并存、痛苦与快乐并存的一个心灵的旅程。

孤独，在我的记忆中是一种深刻的记忆与感受。你要离开中国，千里迢迢跑到美国去，要去寻找具有国际荣格心理分析师资格的分析师接受分析。常常是独自一人走在空旷的大道上，没有了外人外物，心却开启了一种运动。大概你不得不去思考一些问题，认识的意义到底是什么？我为什么跑到这里来？

那个时候，你会体会到，作为中国心理分析第一人的申荷永老师他感受了什么。你真正理解为一个国家，为一个民族的心理学爱好者，尤其是荣格心理分析的爱好者，去开辟这样一条道路，去趟出这样一条路子来，供后面的学习者行走的时候，他一定付出得更多。但这种付出是一种使命，是一种责任。所以孤独是不可避免的。

但是我当个人分析师工作之后，这种孤独会转化为一种一般人很难体验到的精神充实感。这种精神的充实感和富有感是人生中一种难得的体验。在与孤独并存的时候，你能够很多次地体验到这种快乐。

说它痛苦与快乐并存，是因为大家都知道，当我们面对自己的内心世

第三章 整合与体验：荣格心理学在中国发展的意义

界时，前面说它是一个容器，心里面容的是什么？情绪是里面非常重要的一部分内容，情感当然也是很重要的一部分内容。那么当你面对这些内容的时候，面对你真实情感的时候，痛苦是不可避免的。所以从此意义上荣格说：面对心灵，需要足够的勇气和胆量。但是，当你面对这种痛苦，与分析师讨论这种痛苦，并感受这种痛苦的时候，并对一些情绪进行加工处理之后，你体验到的快乐也是一种难得的体验。这是一种在中国汉字中不足以用快乐两字充分表达出的快乐，快乐两字无法充分表达它的内涵。所以这是一个痛苦与快乐并存的旅程。

再有一件事就是，2012年父亲的去世是我在这10年旅程中的一个非常重要的记忆和深刻的内心感受。那大概是我跟斯丹·马兰刚刚开始个人分析的时候，我与他讨论我的父亲和我内心深处的父亲意象。在这样的过程中，我真正了解了父亲一辈子的刚正不阿的性格带给我什么样的影响，以及在我内心深处起了什么样的作用，但与此同时也看到了内心像柔软的虫子一样的自己。正是在这种刚强与软弱之间，在去连结它们的时候，在去转化这种对立的时候，让我真正理解了什么叫对立，什么叫统一，什么叫完整，也让我真正理解了哲学上的对立与统一，这也是心理分析的基本原理。分析帮助我们将种种对立转化为统一，使得我们的心灵更加趋于完整，就是这样一个过程。正是这一过程中，我们可以体会到由心底深处升腾出来的爱，这种爱令我们产生强大的动力去发出爱的行为。或许这正是心理学的真谛——心理学离开了爱，又怎么谈得上是真正的"心"理学呢？当然，无心之爱可以是无爱，但无心之爱又可以是大爱，这乃是哲学意义层面上的探讨。

荣格分析心理学与中国文化渊源已久，自1994年由申荷永教授由美国引入中国，以中国文化为基础的心理分析在中国发展至今已经31年，从一门学科的发展历史长河来看，这才仅仅是一个学科发展的开端。心理分析在中国未来的发展中，充满了机遇，但也面临着更多的挑战，正如颜泽贤先生所讲述的："这仅仅是心理分析在中国的开始，仍然任重而道远……"

第二部分

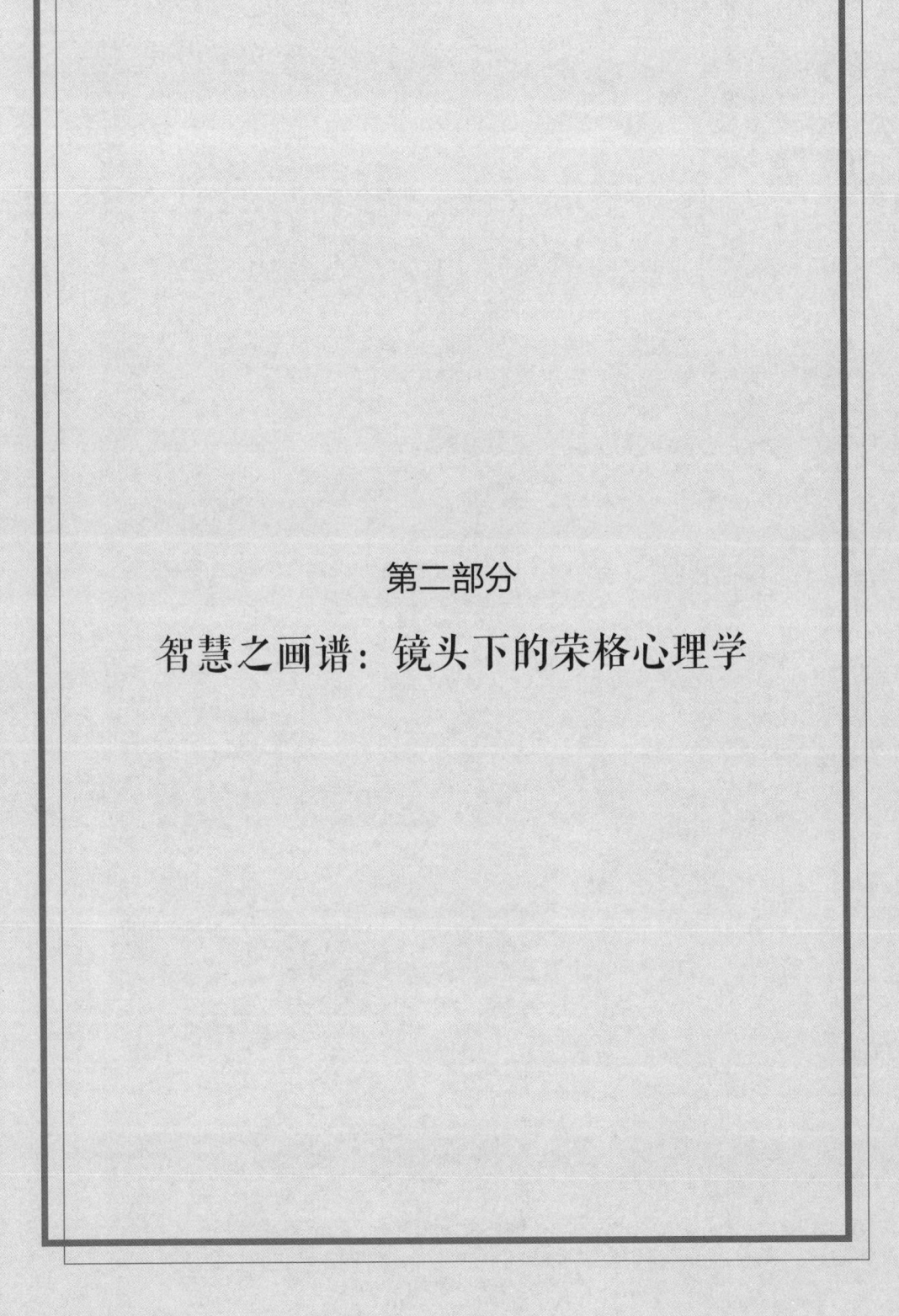

智慧之画谱：镜头下的荣格心理学

第四章　荣格心理学与视觉艺术象征

一、符号学与象征在荣格心理学中的重要性

（一）荣格心理学中的符号学基础

荣格的深度心理学理论为理解人类行为和心理提供了独特视角，特别是其对符号学的运用，开辟了探索潜意识与个体发展之间关系的新路径。荣格对象征化过程和符号学都具有深入的了解和研究，尤其是对象征化过程更是进行了深度钻研。在这个专题上，分析心理学比其他任何一个心理学流派都更为关注，荣格有更多的关于象征和符号学的著作和研究。

荣格在其理论中强调潜意识的重要性，认为潜意识不仅是心理疾病的根源，也是个体成长和自我实现的关键。符号学作为连接意识与潜意识的桥梁，为解读梦境、幻觉及艺术创作等提供了方法论基础。荣格在其18卷文集中就有5卷是专门研究宗教和炼金术中的符号与象征的。荣格心理学中两个基本概念便是原型和象征，这两个概念彼此相连，可以说，象征是原型的外在显现，原型通过象征来表现自己，而各种意象、符号，便是构成象征的重要因素。荣格将符号定义为任何代表未知事物的表达形式，这些形式可以是物质的或心理的。在荣格看来，符号是潜意识自然流露的语言，它们携带着深层心理内容的信息。通过解析符号，可以揭示个体内在

的冲突、欲望及其与集体潜意识的联系。之所以如此，正是因为原型深藏于集体无意识之中，它对于人们来说，是未知的或是不可知的，我们无从直接从意识中获得。但是，集体潜意识透过原型指导着人的意识和行为。所以，我们只有通过象征、梦中的符号、幻想、幻觉、神话，以及艺术进行分析和解释，才有机会或多或少地对集体无意识进行了解和研究。

在荣格看来，一种象征或者一个符号，无论是出现在梦中，还是出现在白昼生活中，都同时具有双重的重要含义。一方面，它表达和再现了一种受到挫折的本能冲动——渴望得到满足的愿望。象征的这一侧面，与弗洛伊德关于象征是欲望的伪装的解释是一致的，即性欲和攻击欲由于在日常生活中处处受到禁止和压抑，就构成并转变为梦中的各种象征。在荣格看来，象征不仅仅是一种伪装，它同时也是原始本能驱力的转化。这些象征，试图把人的本能能量引导到文化价值和精神价值中去。这一思想并不新鲜，它要说明的是文学、艺术以及宗教，都不过是生物本能的衍化。例如，性本能转入舞蹈而成为一种艺术形式，或者攻击本能转化到竞争性的游戏和比赛之中，竞技类的电子游戏即是如此。另一方面，荣格始终坚持认为：象征或象征性活动并不仅仅是把本能能量从其本来的对象中移到替换性对象上。也就是说，舞蹈并不仅仅是用来代替性行为的，它是某种超越了纯粹性行为的东西。也许游戏也是，许多心理学家研究发现网络成瘾并不是那么简单，其中必定还有潜意识层面的精神需求。荣格在他自己所说的这一段话中，曾经清楚地揭示了象征理论最重要的本质特征："象征不是一种用来把人人皆知的东西加以遮蔽的符号。这不是象征的真实含义。相反，它借助于与某种东西的相似，力图阐明和揭示某种完全属于未知领域的东西，或者某种尚在形成过程中的东西。"[①]

荣格坚持认为：人类的历史就是不断地寻找更好的象征，即能够充分地在意识中实现其原型的象征。那么，荣格所描述的"尚未完全知晓的和

---

① 荣格. 荣格文集：卷七 [M]. 冯川，译. 北京：改革出版社，1997：287.

第四章　荣格心理学与视觉艺术象征

仅仅处在形成过程中的"究竟是什么？也许正是他所讲的埋藏在集体无意识中的原型。一种象征，首先是原型的一种表现，虽然它往往并不是最完美的表现。在某些历史时期，例如在早期基督教时代和文艺复兴时期，曾经产生过许多很好的象征；在中国早期历史当中，也存在着大量的符号象征的文物。说这些象征符号很好，是说它们同时在许多方面满足和实现了人的天性。而在现代的历史发展过程中，科技的文明发展速度惊人，但是整体看来，无论是在艺术领域，还是在符号创作的领域中，人类的象征变得十分贫乏和片面。现代象征大部分由各种机械、武器、技术、跨国公司和政治体制所构成。在荣格看来，这种现状实际上是阴影原型和人格面具的表现，它忽略了人类精神的其他方面。荣格迫切希望人类能够及时创造出更好的，能够与人类心灵统一的象征，从而避免在科技发展乃至战争中自我毁灭。

荣格之所以对炼金术象征特别感兴趣，就是因为他从中看见一种想把人天性中的各个方面结合起来，把彼此对立的力量锻造成一个统一体的愿望和努力。曼荼罗或者魔圈（magic circle），或者我们中国的衔尾蛇，便是这种超越性自我的主要象征。

可以说，象征也是人的精神的表现，它是人的天性的各个不同侧面的投影。它不仅力图表现种族贮藏的和个体获得的人类智慧，而且还能够表现个人未来注定要达到的发展水平。人的命运、人的精神在未来的进化和发展，都能通过象征符号标志出来。例如，20世纪六七十年代美国的各大摇滚乐队，其象征符号都非常有哲学宗教意味。然而某种象征中包含的意义却往往不能直接被人认识，人必须通过放大的方法来解释这一象征，以发现和揭示其中的重要信息。象征具有两个方面：受本能推动而追溯过去的方面和受超越人格这一终极目标指引的展望未来的方面。这两个方面是同一枚硬币的两面。对一个象征可以从任何一面来分析。回溯性分析揭示的是某一象征的本能基础，展望性分析揭示的是人对于完美、再生、和谐、净化等目标的渴望。前一种分析方法是因果论的方法、还原论的方

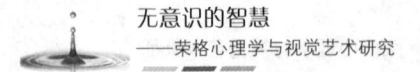

法；后一种分析方法则是目的论的方法、终极性的方法。要对某一象征作出完整的全面的阐释，就必须同时使用两种方法。

荣格认为：象征的展望的性质被人们忽视了，而那种把象征看作是单纯的本能冲动和愿望满足的观点遂得以流行。一种象征的心理强度往往大于产生这一象征的原因的心理值。这意味着在某一象征表达的背后，既有一种作为原因的推动力，也有一种作为目标的吸引力。推动力是由本能能量提供的，吸引力则是由超越的目标提供的。单纯依靠任何一种力量都不足以创造出一种象征。可见，某种象征的心理强度是原因和目的因素的总和，因而总是大于单纯的原因因素。

随着认知科学和神经心理学的发展，符号学在荣格心理学中的地位受到了新的审视。现代研究倾向于将符号视为大脑信息处理的产物，而非仅仅是潜意识的反映。这一转变推动了符号学研究的深入，使其更加符合科学实证的要求。荣格心理学中的符号学基础为我们提供了一种理解人类复杂心理活动的有力工具。通过深入研究和应用符号学，我们能够更好地理解个体行为背后的动机，促进心理健康和个人发展。未来，符号学的研究将继续在跨学科领域中发挥重要作用，为心理学乃至人类社会的深刻理解贡献力量。

（二）象征的意义与功能

荣格心理学中的符号学不仅用于个人心理治疗，还广泛应用于文化研究和艺术批评等领域。例如，在分析文学作品时，符号学帮助研究者理解作者如何通过象征性语言传达潜意识内容。荣格在其早期著作《转变的象征》中就已提出，这本专著标志着荣格与弗洛伊德的研究走向不同的方向，并为荣格此后在人类精神领域中的一系列重要发现奠定了坚实的基础。

荣格在著作《转变的象征》中，对一位年轻的美国姑娘的一系列幻想做了深入分析。荣格把这种分析方法叫做"放大"（amplification），我们

第四章　荣格心理学与视觉艺术象征

也可以将其理解为"扩充技术"。这种研究方法要求分析者本人就某一特殊的语言要素或语言意象，尽可能多地搜集有关的知识，这些知识可以来自种种不同的渠道，包括分析者本人的经验和知识、产生这一意象的人自己所作的提示和联想、历史资料和考证、人类学和考古学的发现，以及文学、艺术、神话、宗教等等。

举例来说，这位年轻姑娘写了一首诗，题目叫做《逐日的飞蛾》。诗中写的是一只飞蛾希望只要从太阳那儿得到哪怕是一瞬间"销魂的青睐"（one raptured glance），就宁可心甘情愿地幸福死去。荣格专门在工作中放大这个飞蛾逐日的意象。在这一放大的过程中，他旁征博引地涉及歌德的《浮士德》，阿普列乌斯的《金驴记》、基督教、埃及和波斯的经文，涉及和引证了马丁·布伯、托马斯·卡莱尔、柏拉图、现代诗歌、尼采、精神分裂症病人的幻觉、拜伦、西拉诺·德·贝尔热拉克和许多别的资料。不难看出，这种放大的方法需要分析者本人具有相当渊博的学识。

放大或者对梦境的扩充，其目的是理解梦、幻想、幻觉、绘画和一切人类精神产物的象征意义和原型根基。例如，对那首《逐日的飞蛾》的意义，荣格是这样说的："在太阳与飞蛾的象征下，我们经过深深的挖掘，一直向下接触到人类精神的历史断层。在这种挖掘的过程中，我们发现了一个深深埋藏着的偶像——太阳英雄（the sun-hero）：他年轻英俊，头戴金光灿烂的王冠，长着明亮耀眼的头发，对一个人短促有限的一生来说，他是永远不可企及的；他围绕大地旋转，给人类带来白昼与黑夜、春夏与秋冬、生命和死亡；他带着再生的、返老还童的辉煌，一次又一次地从大地上升起，把它的光芒洒向新的生命、新的世纪。我们这位梦想家正是以她的全部灵魂向往和憧憬着这位太阳英雄，她的'灵魂的飞蛾'为了他而焚毁了自己的翅膀。"[①]从太阳英雄的象征中，我们看到了一种原型的再现，它产生和来源于人类无数世代所共同经历和体验到的太阳的伟大光芒

---

① 荣格. 荣格文集：卷五［M］. 冯川，译. 北京：改革出版社，1997：109.

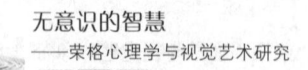

和力量。

此外，荣格对炼金术也给予了极大的重视和关注。人们一般以为，炼金术是指中世纪的炼金术士们企图点铁成金，把普通金属变成贵重金属的研究。在中国道家哲学中也有类似的法门。然而所谓炼金术，实际上是一套极其复杂的哲学，这套哲学是以化学实验的方式表达出来的。在整个中世纪，哲学家们和科学家们都严肃而又郑重地看待这一问题，人们就这个问题撰写了大量的文章著述，在此基础上才产生出化学这门现代科学。

荣格对这一课题极感兴趣，在其得到卫礼贤传教士带给他的《金花的秘密》这本中国道家内丹之书的时候，如获至宝。因为他感觉到炼金术哲学和炼金术实验作为一种象征，即使不是全部，至少也是多方面地揭示了人的那些通过遗传而禀赋的原型。荣格以他特有的研究热情，阅读、通晓、掌握了大量有关炼金术的文字著述，并专门写了两大卷书来论述它对于心理学的意义。心理学家们认为荣格的《心理学与炼金术》这本书特别有趣。荣格在这本书中展示了中世纪炼金术的象征以怎样的方式，重新出现在一位正接受分析治疗的人的梦和幻觉中。这个人生活在20世纪，对炼金术一无所知。然而在他的梦中，许多人围着一块方形物向左行走。做梦的这个人则站在一旁，他听到那些人说有一种长臂猿将要被重新创造出来。在这个梦中，方形物象征着炼金术士的工作，这个工作就是把原来混沌的物质分解为4种基本元素，并使它们重新结合为一个更加完美的整体。围绕方形物行走再现了这一整体。而长臂猿则代表着一种能够点铁成金的物质。按照荣格的理解，这个梦表明做梦的病人让他的意识的自我在人格中扮演了过分重要的角色，因而未能使他天性中阴影原型的一面得到表现和个性化。这个病人只有通过将他人格中的各种要素得到整合，才能达到内心的和谐和平衡。正如炼金术士只有通过使各种基本元素得到恰当的配合，才能达到点铁成金的目的一样。

在另一个梦里，做梦的人梦见在他面前的桌子上放着一个玻璃杯子，里面装着一种胶冻状的物质。这个杯子代表着炼金术士用来进行蒸馏的器皿，杯子里的内容则代表一种没有任何形式的质料，炼金术士希望把这种东西转变为所谓的哲人之石（the philosopher's stone）。这种哲人之石具有点铁成金的神奇力量。在这个梦中出现的炼金术象征，表明做梦的这个人希望或应该希望使自己成为更超越、更整合的人。

当一个人做梦梦见了水，荣格认为这水就再现了炼金术士的生命活水或生命芳醇所具有的再生力量；当他梦见发现了一朵蓝色的花，这朵花就代表着哲人之石的产地；当他梦见把金币扔在地上，那就是他在嘲笑炼金术士想要成就一种完美统一的物质的痴心妄想；当病人画出一个车轮，荣格就会从中看出它与炼金术士的车轮的联系，它再现了在炼金术士的作坊里为造成物质的转变而进行蒸馏的循环过程。以同样的方式，荣格把病人梦见的一个蛋，解释为炼金术士用以开始工作的原始材料，把一颗宝石解释为那种人人都想获得的哲人之石。

综观所有这些梦，可以发现，在做梦的人用来表现他的困境和目标的那些象征，和中世纪炼金术士用来表达他们的辛勤努力的那些象征之间，存在着明显的平行对应关系。这些特别的梦所具有的显著特征，是那些被炼金术采用的对象和材料的相当精确的反映。由于拥有炼金术方面的知识，荣格能够指出这种惊人的相似。他从他的研究中得出这样的结论：中世纪炼金术士以化学实验的方式表达的愿望和努力，同病人以做梦的方式表达的愿望和努力完全一致。正如炼金术士希望个性化（转化）物质以获得一种完美的实体一样，做梦的人也希望在梦中使自己个性化，从而成为一个更加丰富的有机统一体。荣格深信，梦的意象与炼金术之间这种平行对应关系，证明了普遍原型的确存在。

更何况，荣格通过在非洲和其他地区所做的人类学调查，发现同样的原型也表现在原始氏族的神话中。此外，同样的原型也还表现在无论是现代的还是原始的艺术和宗教中。荣格总结说："原型的体验在每个个人身上采取的形式不同，可能是无限多变的，然而就像炼金术中的各种象征或是符号一样，它们全都不过是某些精神世界中的中心类型（central types）的变体，而这些中心类型却是普遍存在的。"[1]

（三）符号学与象征的文化维度

不同文化背景下的符号学与象征意义有所差异，对个人心理发展的影响亦有不同。符号学与荣格原型的象征理论在文化维度上的差异，为我们提供了一个理解人类心理及其在不同文化背景下的象征表达的深刻视角。

符号学是研究符号及其意义的跨学科领域，涵盖心理学、语言学、人类学等。它关注如何通过符号来传达和共享意义，这些符号可以是文字、图像乃至非言语的行为。在文化维度上，符号学试图透过表象，探求特定文化背景下符号的深层含义和根源。荣格心理学中的原型象征理论是理解个体心理状态和集体无意识的桥梁。在荣格看来，象征是一种自然显现的心理现象，它不仅是梦的通用语言，也是文化传承和交流的重要工具。并进一步指出，原型象征或符号能够激活深藏在集体无意识中的心灵力量，促进个体的心理成长和自性化转变。

荣格认为，集体无意识中存在着跨越文化的共通元素，即原型。这些原型通过文化特有的符号表现出来，如神话、传说和宗教仪式中的符号。符号学在这里起到解码的作用，揭示这些符号如何在不同文化中传递相同的原型信息。原型意象和符号象征在文化传承中扮演着核心角色。文化符号不仅是知识和经验的传递者，也是个体心理发展和转化的催化剂。例如，传统文化中的治愈仪式和图腾崇拜，可以是我们理解集体无意识的媒介，可以引导参与者经历内心深处的变化。艺术家通过艺术作品创造新的意象象征或符号，这些象征往往与其文化背景和个人心理经历紧密相关。艺术作为一种象征语言，以符号的舞蹈呈现出深刻的文化内涵。每一幅画作、雕塑或摄影作品都是一场视觉的交响曲，将文化符号编织成令人陶醉的艺术之舞。符号学提供了一种分析和解读这些艺术作品的方法，帮助我

---

[1] 荣格. 荣格文集：卷十二[M]. 冯川, 译. 北京：改革出版社, 1997：463.

们理解艺术品背后的深层文化和心理含义。在全球化日益加深的今天，符号学和荣格心理学的结合为我们提供了一种理解不同文化的有效工具，通过解析不同文化中的符号和象征，我们能更好地理解它们的文化心理模式及其对个体行为和心态的深层次影响。

视觉艺术象征承载着文化的传承与变革。艺术作品是文化之间的默契对话。不同文化间的观念、信仰和情感在艺术的舞台上交融，创造出丰富而独特的文化交流。艺术的文化对话超越了语言的限制，以一种普遍的方式连接着人类的心灵。艺术家们通过作品传递着传统的价值观念，同时也在探索新的文化语境中寻找灵感，创造出富有时代感的新象征。可以说，符号学与荣格心理学原型理论的象征意义在文化维度上关系紧密，符号不仅仅是信息的承载者，更是心理和社会现实的构建者。通过对这些符号进行荣格心理学视角的深入分析，我们可以更全面地理解文化对个体心理的塑造作用，以及个体如何在文化背景下寻找心理的归属感和自我的价值及其意义。

二、荣格人格结构概述

在荣格心理学的理论观点中，一个完整的人格理论应该能够解答3个方面的心理学基本问题，包括：人格结构的组成要素包括什么，这些成分彼此之间如何相互影响，它们和外部世界如何连结并发生作用；激发人格的能量源泉是什么，能量在上述种种成分之间怎样分配和流动；还有人格是怎样产生的，在个体的生命过程中它会发生什么样的变化。这3个方面的问题可以分别称为人格结构问题、人格动力问题，以及人格发展问题。荣格心理学试图回答这些问题。

在科学技术领域，概念是一种用来描述一组观察到的自然现象和事实的名称或标记，以及用来解释这些现象和事实的观念、推论和假设。因此，概念是一般的抽象的客观术语。举例来说，"进化"这个词在达尔文的学说中，涉及有关物种起源的一整套复杂的观察和解释。因此为了理解这个概念，我们就必须多少了解一点这个概念所赖以建立起来的那些观察到的事实。这意味着在讨论一个概念的时候，必须从一般到特殊，即正好与科学家形成这一概念时所做的工作相反。而学术领域认为荣格心理学难以理解也正是由于这个原因。学习或理解荣格心理学概念，需要先从一般术语方面讨论一个概念，然后再给以具体的例证。

当然，正如荣格所意识到的那样，概念也有某些危险。概念可能误导或限制我们的观察，使我们对那些根本不存在的东西误以为真，而对那些确实存在的东西视而不见。这就是荣格为什么总是小心谨慎，他总是不喜欢过分地依赖某种概念，以及他为什么坚持强调经验事实高于理论的缘故。

（一）人格的原始统一性

荣格认为，人格具有原始的统一性，在分析心理学对人格的理解中，心灵是一个整体，包括了意识、个体无意识和集体无意识3个部分，所以在荣格看来，相比较弗洛伊德提出的"自我"这个概念，"人格"能够更加完整地表达"心灵"的整体概念，这种观点与中国传统文化一直以来的"心神合一"理论不谋而合，正所谓"心之所向，神之所往"，"精诚所至，金石为开"。

在荣格心理学中，人格作为一个整体就被称为精神（psyche）。这个拉丁文的本来含义就是"精神"（spirit）或"灵魂"（soul），但是在现代文明的进程中，它已经逐渐变成了"意识"（mind）的意思。例如，心理学（psychology）就被理解为意识的科学（science of mind）。精神包括所有的思想、感情和行为，无论是意识到的，还是无意识的。它的作用就像一个指南针，调节和控制着个体，使他适应社会环境和自然环境。"心理学不是生物学，不是生理学，也不是任何别的科学，而恰恰是这种关于精神的知识。"①

　　精神这一概念表明了荣格的基本思想，意思是一个人从出生开始就是一个整体。他不是各个部分的集合，其中每一部分不是通过经验和学习逐一相加而成的，荣格明确地反对这种拼凑的人格理论。在分析心理学的理论观点中，人的发展与进步并不是为了致力于人格的完整，因为人本来就是完整的，生来就有一个完整的人格。荣格说，人在整个一生中应该做的，只是在这种固有的完整人格基础上，去最大限度地发展它的多样性、连贯性和和谐性，小心警惕着不让它破裂为彼此分散的和相互冲突的系统。分裂的人格是一种扭曲的人格。荣格心理学在临床与咨询中的目标就是要帮助病人恢复他们失去了的完整的人格，强化精神以使它能够抵御未来的人格分裂。因此，对荣格来说，精神由不同的、彼此相互作用的系统和层次组成，这就是意识、个人无意识和集体无意识，从这个角度出发，可以说，心理分析的终极目标便是进行人类精神的综合。

　　意识是人心中唯一能够被个人直接接触到的部分。它在生命过程中出现较早，很可能在出生之前就已经有了。儿童在辨别和确证父母、玩具和周围的事物时都运用着自觉意识。这种自觉意识，通过荣格所谓思维、情感、感觉、直觉4种心理功能的应用而逐渐成长。儿童并不平均地使用这4种功能，一般是较多地利用一种功能而较少地利用其他功能。4种功能中某一种功能的优先使用，把一个孩子的基本性格同其他孩子的基本性格区分开来。举例来说，如果一个孩子主要是思维型的，他的性格将必然不同于一个主要是情感型的孩子的性格。除了4种心理功能外，还有两种心态决定着自觉意识的方向。这两种心态就是外倾和内倾。（我们将在第五章中详细介绍这4种功能和2种心态）外倾心态使意识定向于外部客观世界。内倾心态使意识定向于内部主观世界。一个人的意识逐渐变得富有个性，变得不同于他人，发展出自己独立的性格和心理特征，这一过程就是荣格

---

① 荣格. 荣格文集：卷四［M］. 冯川，译. 北京：改革出版社，1997：30.

心理学中的自性化概念（individuation）。自性化过程在一个人的心理发展中起着重要的作用。荣格说："我用'自性化'这个术语来表示这样一种过程，经由这一过程，个人逐渐变成一个在心理上'不可分的'（individual），即一个独立的、不可分的统一体或'整体'。"[1]荣格自性化的目的在于尽可能充分地认识自己的意识。

个性化的目的在于尽可能充分地认识自己，发展自己的重要的心理功能，因为不如此，我们就会被无数希望挤入意识中来的心理内容压倒和淹没。自我可以保证人格的同一性和连续性，通过对心理材料的选择和淘汰，自我能够帮助个体在人格中维持一种持续的聚合性质。正是由于自我的存在，我们才能够感觉到今天的自己同昨天的自己是同一个人。一个人的自性化发展与自我成长之间关系密切，它们具有协同作用，不断形成着拥有与众不同人格的系统。也就是说，个人只有在自我允许新的体验成为自觉意识这一范围内才能走向自性化的发展过程。

与此同时，那些不能被自我认可的体验怎么样了呢？它们并没有从精神中消逝。因为任何曾经体验过的东西都不可能在心理层面彻底消逝无踪。与此相反，它们被储存在荣格所说的个人无意识中。心理的这一层级邻近自我，它是一个贮藏所，容纳着所有那些与意识功能和自觉的个性化不协调不一致的心理活动和心理内容。它们也许一度是意识中的体验，由于种种缘故而被压抑和忽视，如一段痛苦的思想、一个无法解决的难题、一种内心的冲突、一次道德的争端。在它们当初被体验到的时候，可能往往因为似乎不相宜或不重要而被忘却。所有那些微弱得不能到达意识，或微弱得不能存留在意识之中的体验，统统被储存在个人无意识中，一旦需要，个人无意识的内容通常是乐于被意识接受的。例如，某人知道许多朋友和熟人的名字，但这些名字并不随时都留存在他的意识之中，但一旦需要，它们就会被记起。当这些名字不在意识中的时候，它们到哪儿去了

---

[1] 荣格. 荣格文集：卷九 [M]. 冯川, 译. 北京：改革出版社, 1997：275.

呢？它们就在个人无意识之中。个人无意识就好比一个精心制作的输入系统或记忆仓库。再举一个例子，我们可能听到或看到过一些当时并不感兴趣的事情，多年以后它可能变得至关重要而被从个人无意识中召唤出来。白天未经注意就过去了的各种体验，可能会在夜晚的梦中出现。事实上，个人无意识对于梦的产生有着重要的作用。

个人无意识有一种重要而又有趣的特性，那就是一组一组的心理内容可以聚集在一起，形成一簇心理丛，荣格称之为"情结"（complexes）。荣格在使用语词联想测验进行研究的过程中，最早提到"情结"的存在。荣格通过语词联想测验，把一张词汇表上的词一次一个地读给病人听，并要求病人对首先触动他心灵的词做出反应。在实验过程中，有时候受试者需要很长时间才能做出反应。当荣格询问受试者为什么这样迟才做出反应的时候，受试者却说不出任何原因。荣格猜想这种延宕可能是由一种制止和阻碍病人作出反应的无意识情绪导致的。当他更深一步地进行探究的时候，他发现，与产生延迟反应的那个词有关的一些词也会导致这种延迟反应。于是荣格认为，无意识中一定有成组的彼此联结的情感、思想和记忆，这便有可能是情结，任何接触到这一情结的语词，都会引起一种延迟性反应。对这些情结的进一步研究表明：它们就像完整人格中的一个个彼此分离的小人格一样。它们是自主的，有自己的驱动力，而且可以强有力地控制我们的思想和行为。

时下，年轻人的网络用语比比皆是，我们谈论一个人时说他有一种自卑情结、一种与性欲有关的情结、一种与金钱有关的情结、一种"年轻一代"的情结或与其他一切事物有关的情结。所有的人都熟悉弗洛伊德所说的俄狄浦斯情结。当我们说某人具有某种情结的时候，我们的意思是说他执意地沉溺于某种东西而不能自拔。

荣格曾经描述的一个例子便是"恋母情结"。一个人的母亲情结如果非常强烈，他对于母亲所说的和所感觉的一切就极其敏感。在他心目中母亲的形象总是居于首位。他在一切谈话中总是力图尽可能地谈到他的母亲或与他母亲相关的事情，而不管这样做是否恰当得体。他特别喜欢那些有母亲在其中扮演重要角色的故事、电影和事件。他期待着母亲节、母亲的生日，以及一切他能够向母亲表达敬意的机会。他模仿母亲，并接受母亲的爱好和兴趣，甚至会被母亲的朋友们所吸引。他宁可陪伴年老的妇女而不愿陪伴与自己年龄相当的女人。孩提时代，他是母亲的"小宝宝"；成人以后，他仍然一天到晚围着母亲身边转。在荣格观察到的情结中，有许多是他的病人所具有的情结。他发现情结深深地植根于他们的神经症状中。"不是人支配着情结，而是情结支配着人"。分析治疗的目的之一就在于分解消融这些情结，把人从笼罩在他生活中的这些情结的专横暴虐下解放出来。

情结对心理的影像作用非常大，但并不一定成为人的调节机制中的障碍。事实恰恰相反，它们可能而且往往就是灵感和动力的源泉，这对于事业上取得显著成就是十分重要的。例如，一个沉迷于美的艺术家就不会仅仅满足于创作出一部杰作，他会执着于创造某种最高形式的美，因而不断地提高其技巧，加深其意识，从而创作出大量的作品来。任何人都会想到凡·高，他把生命的最后几年完全献给了艺术。他就像是被某种东西支配着，牺牲了一切，包括自己的健康乃至生命去绘画。这种对于完美的追求必须归因于一种强有力的情结。

情结的产生和形成一般情况下与童年经历或是创伤有关，但又不是完全来源于个体的创伤性经历。最初，在弗洛伊德的影响下，荣格倾向于相信情结起源于童年时期的创伤性经验。但是，荣格在后来的研究中意识到，任何一种情结必定起源于人性中某种比童年时期的经验更为深邃的东西，即一种文化无意识或原型层面的内容，荣格将其称为集体无意识。

（二）集体无意识与原型

从19世纪60年代科学心理学作为独立于哲学、生理学的科学而出现以

第四章　荣格心理学与视觉艺术象征

来，心理学家们一直在对意识进行研究。直到19世纪90年代，弗洛伊德开创了对无意识的研究，集体无意识是荣格心理学研究的重要内容，也是其与弗洛伊德观点相左的主要部分。按照弗洛伊德的说法，无意识是由于童年时期创伤性经验的压抑而形成的。荣格打破了这种严格的环境决定论，证明了正是进化和遗传为心理的结构提供了蓝图，就像它为人体的结构提供了蓝图一样。人的心理经由其物质载体——大脑继承了某些特性，这些特性决定了个人将以什么方式对生活经验作出反应，甚至也决定了他可能具有什么类型的经验。人的心理是通过进化而预先确定了的，个人因而是同往昔联结在一起的，不仅与自己童年的往昔，更重要的是与种族的往昔相联结，甚至在那以前，还与有机界进化的漫长过程联结在一起，从而确立了精神在进化过程中的这一位置。

集体无意识是一个储藏所，它储藏着所有那些通常被荣格称之为原始意象的部分，它是心理中与个人无意识有区别的一部分，它的存在并不取决于个人后天的经验。个人无意识由那些曾经一度被意识到后来又被忘却了的心理内容所组成，而集体无意识的内容是指那些在人的整个一生中从未被意识到的潜在意象。集体无意识的发现是心理学史上的一座里程碑。集体无意识这一概念之所以重要，是因为原始（primordial）指的是最初（first）或本源（original），原始意象因此涉及心理的最初的发展。人从自己的祖先（包括人类祖先，也包括前人类祖先和动物祖先）那儿继承了这些意象。这里所说的种族意象的继承并不意味着一个人可以有意识地回忆或拥有他的祖先曾拥有过的那些意象，而是说它们是一些先天倾向或潜在的可能性，即采取与自己的祖先同样的方式来把握世界和做出反应。例如，人对蛇和对黑暗的恐惧。人并不需要通过亲身经验才获得对蛇和对黑暗的恐惧，当然亲身经验也可以加强一个人的先天倾向。我们之所以具有怕蛇和怕黑暗的先天倾向，是因为我们的原始祖先对这些恐惧有着千万年的经验。这些经验于是深深地镂刻在人的大脑之中。

集体无意识这一概念并不一定要从获得性遗传理论中去寻求解释，它也可以从突变论和自然选择论中获得解释。这就是说，一种或一系列突变可以导致一种怕蛇的先天倾向。既然原始人暴露在毒蛇的伤害之下，他对蛇的恐惧可以使他小心警惕着不被蛇咬伤，那么导致这种恐惧并因而导致这种小心警惕的突变，就可以增加人的生存机会。这样，基因中这种变异也就会传给后代。也就是说，我们对集体无意识的进化也可以犹如对人体的进化那样来说明和解释。因为大脑是精神最重要的器官，而集体无意识则直接依赖于大脑的进化。人生下来就具有思维、情感、知觉等种种先天倾向，具有以某些特别的方式来反应和行动的先天倾向，这些先天倾向的发展和显现完全依赖于个人的后天经验。如果集体无意识中已经预先存在有恐惧的先天倾向，那它就可以很容易地发展为对某种东西的恐惧。

在分析心理学看来，从个体出生的那一天起，集体无意识的内容就给个人的行为提供了一套预先形成的模式。"一个人出生后将要进入的那个世界的形式，作为一种心灵的虚象（virtual image），已经先天地被他具备了。"[①]这种心灵的虚象和与之相对应的客观事物融为一体，由此而成为意识中的实实在在的东西。如果集体无意识中存在着母亲这一心灵意象，它就会迅速地表现为婴儿对实际的母亲的知觉和反应。这样，集体无意识的内容就决定了知觉和行为的选择性。我们之所以很容易地以某种方式知觉到某些东西并对之做出反应，正是因为这些东西先天地存在于我们的集体无意识中。我们后天经历和体验的东西越多，所有那些潜在意象得以显现的机会也就越多。正因为如此，我们在教育和学习上应该有丰富的环境和机会，这样才能使集体无意识的各个方面都得以发展成为自觉意识。

如果说个体无意识的主要内容是情结，那么集体无意识的主要内容就是原型（archetypes）。这个词的意思是最初的模式，所有与之类似的事物都模仿这一模式。荣格几乎把他整个后半生都投入在有关原型的研究和著述之中。在他所识别和描述过的众多原型中，有出生原型、再生原型、

---

① 荣格. 荣格文集：卷七［M］. 冯川，译. 北京：改革出版社，1997：188.

第四章 荣格心理学与视觉艺术象征

死亡原型、力量原型、巫术原型、英雄原型、儿童原型、骗子原型、上帝原型、魔鬼原型、智叟原型、大地母亲原型、巨人原型，以及许多自然物如树林原型，太阳原型，月亮原型，风、水、火原型，动物原型，还有许多人造物如圆圈原型、武器原型等。荣格说："人生中有多少典型情境就有多少原型，这些经验由于不断重复而被深深地镌刻在我们的心理结构之中。这种镌刻，不是以充满内容的意象形式，而是最初作为没有内容的形式，它所代表的不过是某种类型的知觉和行为的可能性而已。"[①]

荣格说："在内容方面，原始意象只有当它成为意识到的并因而被意识经验所充满的时候，它才是确定了的。"[②]在荣格发展的分析心理学理论之中，有一些原型对形成我们的人格和行为特别重要，故成了原型的主要组成，包括人格面具（the persona）、阿尼玛和阿尼姆斯、阴影以及自性（self）。原型虽然是集体无意识中彼此分离的结构，它们却可以以某种方式结合起来。例如，英雄原型如果和魔鬼原型结合在一起，其结果就可能是"残酷无情的领袖"这种个人类型。又如巫术原型如果和出生原型混合在一起，其结果就可能是某些原始文化中的"生育巫师"，这些巫师为年轻的新娘们履行仪式，以保证她们能够生儿育女。原型能够以各种不同的组合方式来相互作用，因而能够成为造就个体之间人格差异的因素之一。

可以说原型是普遍的，也就是说每个人都继承着相同的基本原型意象。例如所有的婴儿都天生具有母亲原型，母亲的这种预先形成了的心理意象，后来通过现实中的母亲的外貌和举止，通过婴儿与母亲的接触和相处，而逐渐显现为确定的形象。但是，因为婴儿与母亲的关系在不同的家庭中，甚至在同一家庭的不同子女间都是不同的，所以母亲原型在外显过程中也就立刻出现了个性差异。事实上原型可以看作是情结的核心。原型

---

① 荣格. 荣格文集：卷九[M]. 冯川，译. 北京：改革出版社，1997：48.
② 荣格. 荣格文集：卷九[M]. 冯川，译. 北京：改革出版社，1997：79.

发挥着类似磁石的作用，它把与它相关的经验吸引到一起形成一个情结。情结从这些附着的经验中获取了充足的力量之后，可以进入意识之中。原型只有作为充分形成了的情结和核心，才可能在意识和行动中得到表现。正如荣格所说："我们每一个人都拥有情结，但很少人知道，情结也会拥有我们！"

（三）原型与符号的互动

在过去，文字、印刷术等媒介以及文本阐释从根本上提高了形成集体记忆或社会记忆的可能性。与之相应的电子媒介的产生，进一步影响交际性的短时记忆和文化性的长时记忆，无论是影像记录还是影视媒介，都将实现文化的实现和重建功能。这种历史的记忆，以连续性的中断为前提，在涌现的过程中、在深层结构的储存中得以实现，它使历史事件得以延续，并使无意识的连续成为可能。

在易经的八卦之中，每一卦都是独特而有深意的，它们代表着生命中不同的阶段和境遇。荣格的原型理论就如同《易经》的卦象，它们在心灵的舞台上扮演着各自独特的角色，编织着一个个深奥的故事，在这段心灵之旅中，让我们共同品味《易经》的深邃哲理，感悟原型与象征的神秘魅力。《易经》以"乾""坤"为始，以"既济""未济"为终。"既济"和"未济"是易经中第六十三和六十四卦，即最后两卦。"既济"意在完成，但也蕴含盛极将衰之理。"未济"作为最后一卦，九二爻曰："曳其轮，贞吉"；六五爻曰："贞吉，无悔，君子之光，有孚，吉。"这象征着对面对困难、坚守正道和抱持无悔的一种肯定和鼓励。未济卦六爻皆不正，意在混沌。这样的符号是数学，是哲学，更是心理学，正所谓未济卦之后是乾坤，正是一种混沌向有序的符号象征。

由此可见，集体无意识包含跨文化和跨时代的共有心理结构，即原型。这些原型在人类进化过程中形成，作为对常见生活经验的心理反应模式。在荣格心理学中，符号是物质世界中的对象，它们代表或指向某种内在心理内容。而象征则是这些符号所表达的内在心理内容与集体无意识原型之间的联系。符号的象征通常表现为梦、幻觉、艺术和宗教等领域中的形象或主题。符号与意象象征提供了连接个体意识到集体无意识中原型的桥梁。当外部的符号与内部的原型产生共鸣时，原型被激活，并影响个体的情感和行为。与此同时，原型通过符号象征在不同文化中以多种形式表现。例如，太阳作为力量和光明的原型，在不同文化中有各种表现，如埃及的拉、希腊神话中的阿波罗等。在荣格的自性化学说中，符号象征对个体的心理发展至关重要。通过探索梦境、幻想和艺术作品中的象征，个体可以更好地理解自身内在的原型动力，促进个性化过程的实现。在临床与应用过程中，心理分析师解析患者报告中的符号象征是连接意识与无意识的重要途径。通过这种解析，治疗师和患者一起探索原型的动力，有助于患者的自我理解和治愈。

荣格的集体无意识原型理论与符号的互动还表现在跨文化的研究领域，为不同文化间的相互理解提供了新的视角。了解不同文化中的符号象征背后的原型意义，有助于我们更好地理解这些文化及其成员的行为和价值观。艺术家和创作者常常通过内化的原型意象，创造出具有深刻象征意义的艺术作品。这些作品不仅反映了创作者的内在世界，也触动了观众或读者集体无意识中的相同原型。原型与符号象征之间的互动，为理解人类共同的深层心理结构和文化表达提供了丰富视角。通过深入探索这一互动，我们可以更好地理解个体心理、文化现象，以及人类共通的心理和精神经历。

三、荣格心理学视角下的视觉艺术个案研究

鉴于来访者隐私以及授权，一些相关咨询信息和过程并没有详细呈现，本次呈现出来的一些视觉艺术作品仅用于向读者表达心灵与艺术之间

的密切链接，故而并不能代表分析心理学对无意识的深度理解及荣格分析师的工作方法与技术，在此郑重声明。

心灵的蜕变与转化：从食人鱼到鲲鹏
——一位中国女性的自我成长之路

个案L为女性，34岁，已婚，有一个5岁女儿。

工作时间设定为每周一次，每次50分钟，分析时间为2017年4月至2021年1月，除假期外，其余时间固定规律的进行工作，总计140小时。具体包括两个阶段：

第一个阶段：2017年4月19日开始第一次工作至2019年6月27日结束，共100次。

在2019年6月底，L觉得自己成长了许多，生活中也有很大的变化。

第二个阶段：2020年3月26日开始至2021年1月21日结束，共40次。

全球新冠疫情爆发，期间L联系过我几次，但是由于疫情都是网络工作，她想等疫情结束了进行面对面的分析，显然疫情并没有结束。2020年3月L又重新联络到我，说她自己可以接受网络的分析工作，所以从2020年3月26日至2021年1月21日我们又进行了近十个月的心理分析工作（由于疫情原因，均为网络分析），在2021年1月底的时候，同时接近中国农历的春节，我们正式结束了分析工作。

第一次见到L，她梳着精干利落的齐耳短发，画着精致、略有点浓厚的妆容，穿着白色衬衫和深蓝色西装，感觉很正式的衣服，面部表情也比较严肃，脸有点紧绷。她是一个人来的，来到咨询室很严肃地跟我微笑了一下，算是打招呼了。她的五官很好看，尤其是眼睛很明亮，但是眼袋稍重，估计跟失眠、休息不好有关。我对L的第一印象是一个认真严谨、不苟言笑的人。她脸上化很浓的妆，让我感觉她不太真实，刚进入咨询室的时候我能感受到她内心比较紧张。但我的直觉告诉我，她同样是一个很有魅力的女人，我个人还是比较喜欢她的，像是我同龄的朋友，并没有感到陌生。根据来访者自己的主诉内容及表现，可以看出来访者的心理状态很不稳定。

L受原生家庭中父母离异的影响，尤其是受到父亲情结的影响比较严重，她很缺乏安全感，对年长的异性非常崇拜和依赖。也许正是由于童年父爱的缺失和创伤，在现实生活中，她与丈夫之外的年长异性的情感关系的边界非常不清晰，影响了正常的工作和家庭生活。在近一年的时间里，L长期具有睡眠障碍，会做很多奇怪的梦。她在生活中经常会因为担心爱人和知己的离开而莫名其妙地感到坐立不安，生活和工作中也很容易激动、愤怒和紧张。根据DSM-5临床诊断与分析，来访者L可能是由于儿童早期不在父母身边长大，伴随父母离异的分离焦虑导致的情感障碍和自我发展不够完善，从而引发了中度广泛性焦虑障碍，同时伴随轻度分离焦虑问题。

针对这个来访个案，可以通过分析心理学的象征性的工作方法与梦的工作等技术，对其父亲情结、母亲情结，以及自我与自性轴之间的关系展开深入的工作，使L接纳自己的阴影，转化自己的情结，找到真实的自己，促进自我的成长和独立，最终走上属于她自己的自性化发展的道路。由于涉及来访者隐私，在对方授权同意的情况下不涉及个人具体情况，所以案例信息并不全面，仅呈现视觉艺术与意象工作的部分内容。

（一）梦中受伤的流浪狗：分离创伤的表达

在2017年7月12日工作到第10次的时候，L带来了一个梦：我梦到自己在一条街上走着，街上空荡荡的，没有什么人。不远处好像是我的同事R，我过去找他，在这个时候，突然不知道从哪里跑出来一只受伤的流浪狗，它的左腿受伤了，还流着血。我跟R一起抱起这条受伤的狗，准备去找医院给它包扎和治疗……

荣格说，梦中的意象都深藏在潜意识的深处，梦的意象是一种象征，它并不是以一种直接的方式与我们沟通。梦的语言是象征性语言，其特征就在于更多地以生动的、形象化的语言来表达心灵深处的声音，随着我们文明程度的提高，科学的进一步发展，我们却逐渐没有能力去理解梦的这种被赋予情感性的图画式的语言了。[①]梦中的一棵树、一只狗都可以是一个人生命的一部分，它有灵魂和声音，它们是在借助图像式的语言有意识地表达我们的思想，是一种直接表达情感和情绪的语言。

由此可见，在L梦中出现的这只流浪狗，也许就是L最近真实的情感表达。L是家里的第二个孩子，在当时中国计划生育的政策影响下，很多家里第一个孩子是女儿的家庭，在重男轻女的传统思想影响下，他们的父母都会选择违反政策去生第二个孩子。L作为家里第二个孩子却又是一个女孩，所以她的父母在她6个月断奶之后，便将她送回奶奶家抚养。L3岁的时候又由于上幼儿园被接回来。与父母的分离、与奶奶的分离，以及9岁的时候由于父亲出轨，导致的父母离异，都从不同层面使L产生一种分离创伤带来的被遗弃的感觉，就像梦中的流浪狗一样，被人丢弃在街上，受伤了都没有人关心。并且L说狗是忠诚的，不会背叛，也许这也是她内心深处对父亲背叛婚姻和家庭的一种不满的情绪表达。

创伤有的时候只要被我们看见就会转化，梦中的流浪狗、R其实也都可以看作是L自己内心深处的某一个创伤的部分。它们都是L心灵内在的情感表达，L正是因为在接受心理分析，所以她能够感受到自己的创伤的部分，梦也通过这样图画式的语言向她表达创伤。L总是提到她比较喜欢艺术，将来想从事与艺术相关的工作。所以在这一段时间里，我建议她可以尝试将梦中的内容画出来，哪怕简单的简笔画也可以，并且推荐L可以看一些关于分离的电影，如日本导演岩井俊二拍摄的《情书》，乔什·波恩的《星这里的错》，韩寒的《后会无期》等，希望L能通过电影体会分离的情绪。

---

① 荣格. 象征生活[M]. 储昭华，王世鹏，译. 北京：国际文化出版公司，2011：161.

（二）咬伤脚后跟的蛇：父亲情结与严重创伤

L自述说，她感受到自己从小被父母遗弃的体验之后，尤其是从父亲离开家之后，她就一直喜欢比自己年长的男性，她希望自己能够变得乖巧可爱，在工作和生活中得到年长的、具有权威的男性的关注和认可，这样她自己会感觉到自信和安全。所以，L在高中、大学期间的男朋友都是比自己年长的、具有权威的、有点大男子主义性格特点的同一类男性，直到结婚的时候，选择的丈夫同样是比自己大5岁的，甚至是与父亲性格很相似，也离过婚的男性。

根据L的表述以及在现实中的行为表现，L受父亲情结影响，在选择恋爱对象的时候很容易选择与父亲相似的，或者完全相反的男性。父亲的出轨和离异，对一个女性儿童的健全的人格发展本就是一次严重的心理创伤，再到丈夫的出轨行为，让父亲情结在L的身上彻底爆发。为了寻求一种心理上的安全感，她也会效仿，所以在婚姻以外也会与异性的边界不清晰，会有其他的男性情人，L也跟父亲和丈夫一样"出轨"了。也许这在其潜意识中是一种补偿行为，也许L心里认为只有这样才是公平的。虽然她也向往忠诚，但是在情结的推动下，她不知不觉深陷其中而不自知，这就是情结功能的展现。

荣格说：情结通常是无意识的，但又是如此"膨胀"和富于自主性，因此，情结展示了在两种真实、两种意愿的冲突之间的个体，并且它威胁着要把个体撕成两半。[①]如果情结是如此带有情绪色彩地要把意识拉入它的空间内，并制服和吞没我们的意识的话，那么，从某种程度上说，情结就会在这个空间内成为意识自我的控制者，接下来我们就可能部分地或完全地分不清自我与情结了。也就是说，情结一旦形成，便是一个独立的"类似人格"，它有独立的结构，情结爆发的时候，它便可以通过替代我

[①] Jung C G. A Review of the Complex Theory [M]. Princeton: Princeton University Press, 1972: 56.

们的自我人格去工作。L便是如此受情结的影响，她在自我人格的发展中是不完整的，她更多地发展了一种在阴影影响下成长起来的为取悦年长的、权威的男性而存在的女性人格面具。例如，她经常化很浓的妆容，遇到年长的男性就会表现出乖巧、讨好的人格特征，说话也娇滴滴的，希望获得他们的关注等等。

L形成这样的以取悦男性为骄傲的人格特点，不仅是分离创伤所形成的对父亲的依恋与父爱的缺失导致的，应该还有更深层的原因。我在与督导师沟通之后，督导师有着同样的感觉。在这期间主要运用谈话、自由联想的方法展开工作，其间也有许多梦的工作，直到在第39次的时候（2018年1月17日），L带来了一个梦和一幅画（图4-1）。

她梦到：自己一个人走在一条林间小路上，突然有一条蛇从后面咬住了她的脚后跟，她很害怕，她觉得这条蛇有毒，她拼命地跑，但是这条蛇咬住她的脚后跟一直没有松口，她害怕极了，便从梦中惊醒了，直到醒来的时候，L都觉得这条蛇还在她的身上，于是便画了下来。

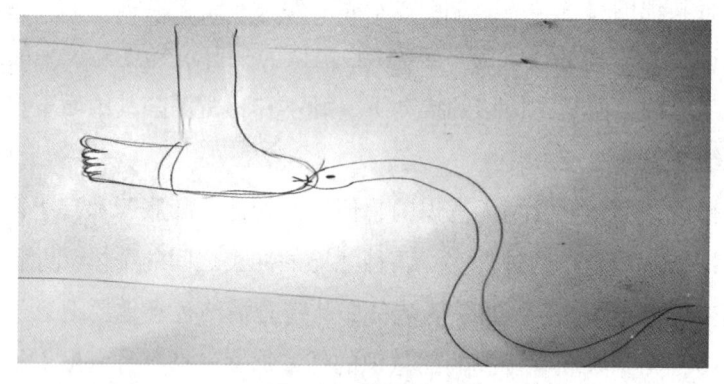

图4-1 梦中的蛇

也许，梦中这个被蛇咬出来的伤口，可能是对L很严重的创伤。在一般的象征层面上，蛇的意象拥有丰富的含义，蛇可以象征阴影，也可以象征智慧，具有很强的无意识能量。在ARAS象征词典中，蛇的意象还有最直接的一种象征就是男性生殖器，与"性"有关。[1]在中国农村，即便是现在，法律逐渐健全，人们的受教育水平逐渐提高，但是对女性和儿童的保护都不全面。

梦中的蛇也与阴影有关，蛇咬脚后跟的动作具有很强烈的象征意义。荣格说，人的心理是通过进化而预先确定的，个人是与过去联结在一起的，不仅与自己个体的童年过去联结，更重要的是和种族的过去相联结，甚至在那以前，我们还与世界进化的漫长过程联结在一起。[2]可以说，这样的集体性的无意识层面的创伤在L的生活中形成了一种固定的父亲情结的稳定结构，影响了L人格的健康发展。在情结和阴影的共同作用下，L的阿尼姆斯（Animus）便以对老年男人或父亲的迷恋而呈现。

（三）石雕蛇与红宝石符号：父亲情结的转化

在工作进行到第54次的时候，L梦到自己变成了一名古希腊的勇士，有一条石雕样的蛇朝着她扑过来，L拿起手中的宝剑刺向了那条蛇的眼睛，那条蛇的眼睛是红色的，伴随着L刺向蛇的眼睛的同时，蛇的眼睛顺着宝剑像血一样流了下来，最后流向了L的右手的中指，变成了一枚红宝石戒指。

在荣格与炼金术中关于《羊泉之书》中的第二枚徽章描述的就是类似于这样的画面，如图4-2所示。在这幅徽章中，自我穿戴着有意识的盔甲，在树林里遭遇野兽黑龙，于是，自我（self）与混沌的潜意识（unconsciousness）展开了大战。黑龙代表野性还未驯化的潜意识，自我坚守自己的立场和观点，所以可以和潜意识对抗而不被打倒，而且还可以挥舞：

---

[1] Archive for Research in Archetypal Symbolism. The Book Of Symbols [M]. Cologne: Taschen, 2010: 214-215.

[2] 霍尔. 荣格心理入门 [M]. 冯川, 译. 北京: 生活·读书·新知三联书店, 1987: 41.

"转化"之剑,刺激潜意识内部的改变。①

图4-2 《羊泉之书》中的第二枚徽章

我惊叹于L内心的能量,也很敬畏这种能量,因为这是心灵内部的象征性语言,我们对此梦进行了很多次的分析工作。L在梦中作为一名勇士,勇敢地拿起手中的宝剑,向梦中的石雕蛇的眼睛刺去的时刻,是L的自我拥有足够的勇气和力量的象征。根据L对梦的回忆和积极想象,那条蛇是很古老的石雕,就像神话雕塑一样。"古老"即是一种远古的象征,具有原型(archetype)层面的意义,因为蛇不仅是阴影或情结的象征,同样具有"智慧"和"转化"的原型层面的深层意义。②正如L梦中所呈现的

---

① Raff J. Jung and the Alchemical Imagination [M]. Lake Worth: Nicholas-Hays, 2012: 102.

② Archive for Research in Archetypal Symbolism. The Book Of Symbols [M]. Cologne: Taschen, 2010: 214-215.

那样：当自我举起宝剑刺入蛇的眼睛的时候，蛇的红色的眼睛化为了红色的"血液"，顺着宝剑流入了L的指尖。中国文化中有"得心应手，观感化物"之说，"心灵手巧、心手相应"都说明心与手之间可以发生一种能量的传递与转化，拥有深层的无意识的联结。[①]在梦中，蛇的能量转化成为了一枚象征智慧和自性的红宝石戒指戴在L的中指上，这可以理解为是心灵转化的象征，我们能够感受到梦中的意象就像是有生命一样，是一种能量的流动。

（四）水中的蛆和食人鱼之象征

从第56次到95次的半年多的工作中，我与L的分析工作内容比较宽泛，其中曾经涉及L与母亲、姐姐的关系，以及她个人在现实中作为一个母亲出现的生活问题，包括对女儿的教育问题等方面的分析。在第96次的工作中，L带来了两幅画，是根据她的梦境画的，如图4-3、图4-4所示。

图4-3 梦中的蛆

[①] Shen H Y. Analytical Psychology［M］. 北京：生活·读书·新知三联书店，2004：45-47.

图4-4 食人鱼的出现

梦的内容：L掉进了一个水塘，水不是特别清澈，她仔细一看，在她身边漂满了死去的蛆，薄薄的一层，蛆的身体已经都被风干了，漂在水面上。她觉得很不舒服，就赶紧用手推开身边的蛆的尸体，爬上了岸。之后，她走着走着，看到了一大片蓝色的清澈干净的海域，她很开心。她走到海边，发现海边有一个无边的游泳池，水很干净。水里还有许多小鱼游来游去，就在这个时候，她的丈夫也来了，他感觉这个游泳池很漂亮，就跳下去游泳，后面还有一群小鱼紧随着他。就在这个时候，从远处游过来两条连在一起的黄色的大鱼，一前一后，后面的小一些，咬着大一点的鱼的尾巴，速度很快地朝L的丈夫游过来。就在游过来的一瞬间，大鱼将L的丈夫咬住，跳到了半空中。L吓坏了，大声喊叫："救命啊！救命啊！"但是周围好像没有人，她只能眼睁睁地看着丈夫被鱼咬在嘴里，鲜血直流。

这个梦的工作主要用象征性的工作方法和原理，通过积极想象引导L想象梦中出现的动物和故事发展的经过，让她能够真实地感受自己的感觉和情绪，并表达出来。

例如在工作中我曾经问她："当水中的蛆飘在你身边的时候，你是什么样的感受？"

第四章　荣格心理学与视觉艺术象征

　　L："水中漂浮的蛆让我很不舒服，感觉黏黏地粘在我身上，怎么甩都甩不掉。"

　　我："那是一种什么样的感觉呢？"

　　L："有点恶心，在现实生活中我就不喜欢这类动物，软软的，尤其是蛆，我觉得很脏。"

　　我："当你在水里，它们在你身边的时候，你能想象出来在梦中你的感受吗？"

　　L闭上眼睛，身体靠在沙发靠背上，过了几分钟说："差不多，虽然它们已经死了，漂在水里像薄薄的一层皮一样，但是当这些干了的蛆沾上水的话，就还会变成白色，会全部贴在我的身上，我甩都甩不开……"

　　蛆是一种软体动物，在象征词典中的解释是各种蝴蝶的幼虫，其象征意义非常丰富，与性有关，与创伤和阴影有关，是一种古老的原始的生物，象征着心灵内部的转化的能量。①在当时，这个6岁的小女孩并不知道发生了什么，随着年龄的增长可能这样的记忆也会被慢慢地遗忘，从而进入了更深层的潜意识的阴影中……

　　对L梦中"食人鱼"的工作同样很艰难，最开始在分析工作中，L认为食人鱼吃掉的是自己的丈夫，但随着工作的深入（由于篇幅限制的原因，在这里就不一一呈现），L在一次的积极想象过程中说："我觉得食人鱼最后吃掉的是我的父亲，因为在画画的时候，我发现这个被鱼咬在嘴里的男人的发型与我的父亲一模一样。"L进一步感受到，食人鱼吃掉的也有可能是她自己，但是我又觉得第二条大一点的食人鱼像我自己，张开大嘴吃掉了我的父亲，哇！如果真的是这样的话，我觉得有点兴奋，我感觉我终于可以自由了……"

　　在这个梦中，L体会到自己就像画中的鱼一样，咬住自己的父亲并

---

　　① Archive for Research in Archetypal Symbolism. The Book Of Symbols [M]. Cologne: Taschen, 2010: 234–235.

"吃掉了他"，可以看作是她想要借此增强自己的力量，这样的"吃掉情结"的行为，可以理解为L从内心深处与自己的父亲情结相互交融，是父亲情结转化的象征，是自我人格的独立和自性（self individuation）显现的过程。荣格曾指出：圣餐仪式的含义就是吃掉情结，最原始的时候是吃掉动物，即图腾动物，它是特定部落的基本本能的表达，吃掉动物、吃掉本能、吃掉意象和情结，就意味着同化及整合它们。鱼类生活在水里，水更接近于我们的无意识，本身也是自性的象征。①

在L的梦中，大海如果是更广阔的无意识的"世界精神"的象征的话，那么在海里出现的吞噬父亲情结的"食人鱼"，便可以看作是自性的象征。正如荣格所说的：自性的象征在这里是作为一种浩瀚的无意识海洋里的小鱼而出现的，就像一个人独处在世界的大海上一样。②在中国传统文化中，鱼与性有关，在中国的许多年画中都象征着"多子多福"，是一种繁衍的象征；在中国也有"鲤鱼跳龙门"的俗语，也是一种自性化过程的象征性表达。③这个阶段的L，在现实生活中亦是如此，她接纳了自己的不完美，个人的心理发展也逐渐趋向于独立。她感觉每天很充实，睡眠也好了很多。这个梦我们工作了将近一个月的时间，从L对蛆的感受和认识的转变，到她自己对食人鱼的理解，包括食人鱼吃掉的人到底是谁等方面的内容，都进行了深入的工作……

（五）自我与自性轴的意象出现

L在第二个阶段第19次工作（2020年9月5日）的时候，带来了一幅画，她说这是她梦中的图案。梦中没有其他任何信息，就只有这一张图

---

① Archive for Research in Archetypal Symbolism. The Book Of Symbols [M]. Cologne: Taschen, 2010: 202-203.

② 荣格. 自性现象学研究 [M]. 南京：译林出版社, 2019: 194-198.

③ 清代李元所著的《蠕范·物体》："鲤……黄者每岁季春逆流登龙门山，天火自后烧其尾，则化为龙。"

画，她就画下来了：画的正中间是一个圆，有一条虚线从中间将这个圆分成了两个部分，这条虚线的名字是自性，左边的部分的名字叫"情结"，右边部分的名字叫"阴影"，如图4-5所示。

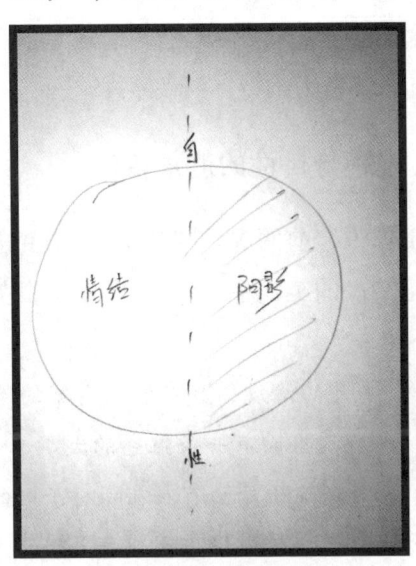

图4-5 自性与自性轴

对于这样一个极具理论象征性的梦境，在分析的过程中，主要从L的自我人格的发展与整合方面进行工作。如果说梦中的这个"圆"象征了L的心灵，就像是一个容器一样，心灵包括意识的自我（ego）和潜意识的情结与原型。意识的中心是自我，人格的中心是自性。这样一幅图呈现了心灵的完整性，也是L自我意识与潜意识整合的象征。

荣格曾说过，自性想要出现，必须经过种种心理经验，这个图更像是一种潜在的自性（latent self），是一种意识与潜意识统合前的状态。心灵的两部分一旦开始统合，自性就会越来越明显，荣格称其为"明显自性"（manifest self）。[1]结合上一个重要的梦的象征意义，这个梦可以理解为L的意识与潜意识的整合，在图中呈现的便是这样一种状态。自性是虚线，

---

[1] 荣格.伊雍：自性现象学研究［M］.杨韶刚，译.南京：译林出版社，2019：72-73.

虚线的力量很小，不像实线感觉有力，这也是自性本身的特征，在这里，情结和原型（图4-5的阴影）会和潜在的自性争夺控制心灵的权力。[1]在这种情况下，自性轴的能量就不够稳定，所以是虚线而不是实线，也意味着L心灵内部的状况看似有序，但实际上有可能还是混乱的，情结和原型随时可能跑出来，破坏自我努力维持好的秩序。

（六）金鱼、鲲鹏与自性的能量转化

在最后三次的工作中，前两次是围绕L的一个梦进行，最后一次进行了工作的结束。在第37次的工作中，L带来了一个很美妙的梦，她将梦中的意象也同样画了下来。

L说："那是一个夏天的清晨，我在农村老家的院子里坐着，老家的院子里有一个池塘，我看到里面有一条红色的大尾巴金鱼（图4-6），特别漂亮。就在这时，我听到院子外面有人在喊村子里的河发大水了，我们都需要往更高的地方跑。我在梦中拼命地朝着太阳的方向奔跑，但是跑着跑着，被一座古城墙阻断了去路，就在我非常焦急的时候，池塘里那条红色的小金鱼变成了一条红色的长着翅膀的大鱼，从我的头顶飞了过去。我被眼前这幅画面惊呆了，愣在那里，就在此刻，那条红色的大鱼冲破了我面前的古城墙，用身体撞开了一座城门，之后，它拍打着巨大的翅膀，朝着太阳的方向飞了上去。"

---

[1] Stein M. Jung's Map of the Soul [M]. Chicago: Open Court Publishing Company, 1998: 48-49.

第四章　荣格心理学与视觉艺术象征

图4-6　梦中的金鱼

L的梦中经常出现各种各样的鱼，这个梦中的红色金鱼，有很漂亮的大尾巴，在水里自由自在的。鱼是古老的无意识的象征，这条在水里自由自在的金鱼象征了L内心的一种无意识的自由的状态，可以理解为一种自性的显现。

在荣格分析心理学中，鱼就是自性的象征。自古以来，西方的人们一直认为耶稣不过是一条鱼而已，鱼便是耶稣的原型。《启示录》《古兰经》《约伯记》《忏悔录》《摩奴法典》中都出现了鱼可以象征自性的内容。炼金术中，双鱼又可看作相互对立与统一的两部分。从荣格心理动力学的角度去分析，人的精神是一个相对闭合的能量系统，由两条原则决定：等值原则和均衡原则[①]。L梦中的意象犹如有生命的灵魂一样，流动且变化着。一方面，当L在回老家探望父亲、结束与情人R的关系、重新找到自己的兴趣更换工作之后，这部分能量伴随着情结和阴影逐渐消失的同时，与之相等的自性的能量就必然出现。在L的这个梦中，红色鲤鱼也许

---

① 霍尔. 荣格心理学入门［M］. 冯川, 译. 北京：生活・读书・新知三联书店，1987：109.

-191-

就是食人鱼在"吃掉"情结之后转化而来的。另一方面，心理能量可以沿着两个方向流动，前行流动适应于外部环境，后行流动适用于激活无意识的心理内容①。所以，基于这样的心理动力学原理，L梦中的红色金鱼在撞开面前的古老的城墙之后，转化成了一种可以飞向天空的、更具有神圣性的动物"鲲"的意象。在中国传统文化中，古代传说黄河鲤鱼跳过龙门（山西省河津市禹门口），就会变化成龙。《埤雅·释鱼》提到："俗说鱼跃龙门，过而为龙，唯鲤或然"，也是在描述一种心灵能量流动，是一个人精神蜕变的象征。

L梦中的金鱼慢慢地长出翅膀，从水里飞向天空，她其实并不知道，在中国神话传说《山海经》中，曾经记载了这样的动物：这种动物的名字叫"鲲"，是一种生活在大海里的鱼，成年之后便会生出翅膀，飞向天际。在庄子《逍遥游》里也曾经对此做过描述："北冥有鱼，其名曰鲲，鲲之大，不知其几千里也；化而为鸟，其名为鹏，鹏之背，不知其几千里也，怒而飞，其翼若垂天之云。"庄子赋予"鲲鹏"以深刻隐喻和象征，以北冥象征意志和动力，以南冥天池象征心灵智慧和自然天道②。现实生活中，受到内心能量整合和影响的L，在上个月已经辞去了茶室的工作，着手准备自己的花店，丈夫很支持她，已经找到了合适的地点和房子。

中国在2014年有一部电影叫《大鱼海棠》，专门讲述了"鲲"的故事，获奖无数。电影中的女主人公"椿"战胜了无论是来自外界的还是来自自己心灵内部的重重阻碍，最终成为真正的自己。就像电影台词中所讲到的："生命就是一个旅程，你不妨大胆一些，去追求属于你自己想要的生活。"我们工作结束的前一次，我推荐L看了这部电影。

在最后一次的工作结束的时候，她感触很深，她说："当我看到电

---

① 霍尔. 荣格心理学入门[M]. 冯川，译. 北京：生活·读书·新知三联书店，1987：110.

② 庄子. 逍遥游[M]. 北京：北京联合出版公司，2015：7.

影里的鲲从一条小鱼生出双翼的那一刻,我泪流满面,感受到一种从来没有过的来自内心的勇气和力量。"她告诉我,她的花店已经开业了,她想做自己真正想做的事情。现在的她已经不再取悦于其他的人,而是希望能够真实地取悦于自己的内心。她说她的女儿觉得现在的妈妈比以前更漂亮了,她感觉自己很幸福……至此,我们的分析工作也真正地结束了。在这片心灵的净土上,我们共同走过了一段充满探索与发现的旅程。

每一次对话,都如同涓涓细流,汇入了来访者内心的湖泊,激起了层层涟漪。然而,由于隐私保护的职业道德伦理要求,许多珍贵的瞬间和深刻的洞察将永远封存在这段咨询历程之中,不为外界所知。

在这个过程中,我们运用了多种心理干预的方法,如认知行为疗法(CBT)的明灯,照亮了来访者思维的迷雾;情绪聚焦疗法(EFT)的温暖怀抱,抚慰了他们情感的创伤。更重要的是借鉴荣格心理学的理论,深入探讨了来访者的"集体无意识"和"原型",帮助她理解自己内心深处的冲突和动力。这些方法不仅为来访者带来了短暂的宁静,更为他们装备了长久航行的心灵罗盘。尽管这段咨询之旅已经画上了句号,但来访者的心灵成长之路才刚刚启程。未来的日子里,也许她将独自面对生活的风浪,但凭借此次咨询中获得的力量与智慧,L将更加从容不迫地迎接每一个挑战。

心理的成长不仅是对过往的回顾,更是对未来的展望。虽然很多内容因隐私原因无法公开,但可以肯定的是,来访者在这段旅程中获得的成长和改变是真实且持久的。愿她能够继续应用所学,保持心理健康,迎接未来的每一个挑战。

第五章　荣格心理学的视觉艺术呈现

梳理历史是心灵传承的过程，有利于人们记忆、了解历史。吸取历史的宝贵经验教训，用影像制作的方式记录并呈现分析心理学在中国现代发展的历史，可以增加历史的可视性，对于建构分析心理学历史具有重大意义。分析心理学是由瑞士心理学家荣格创立的，他的理论和思想至今仍对心理学研究产生深远的影响。

一、纪录电影《始之未济——心理分析在中国》制作意义和目标

可以说东方文化是孕育分析心理学的土壤。自19世纪20年代以来，心理分析在中国文化背景下逐渐萌芽。改革开放以后，心理学获得了迅猛发展的机遇，分析心理学从1994年国际分析心理学会正式访问中国开始，经申荷永教授在华南师范大学、上海复旦大学，以及澳门城市大学发展至今，学科团队羽翼渐丰。2008年汶川大地震时期，心灵花园对灾区的心理救助成为一个重大的历史事件，心理分析在中国心理学领域蓬勃发展，并逐渐呈现出其养心、洗心、修心、育心和治疗、治愈、转化的社会意义。这是历史的传入和整合，是"中国心灵"的接受和文化无意识的社会

第五章　荣格心理学的视觉艺术呈现

选择。

截至目前，分析心理学专业在中国发展已30余年（从1994年国际分析心理学会国际荣格心理学会访问中国至今）。如何对这段历史进行梳理、记载，并以影像的方式记录下来，供后人进行学习、反思、继承，是一个值得深入研究的问题。博士论文《心理分析在中国现代的历史发展及影视史学实践研究》，即《始之未济——心理分析在中国》的电影剧本及影视制作，正是基于以上原因提出。

影片首先通过搜集有关分析心理学在中国发展的数据，包括文字数据、图片数据以及视频数据，来梳理这段历史的发展脉络。对心理分析在中国30余年的发展历史应用史学研究方法进行深入的理论研究，以博士论文《心理分析在中国现代的历史发展及影视史学实践研究》形成影片剧本的基础构建。其次通过现场采访与记录的研究方法，对心理分析在中国的发展的历史影像进行理论与影视实践研究；通过影视的手段和方法技术，包括前期策划、拍摄、人物访谈、后期制作等，最终以纪录片的形式来呈现这段历史的发展情况。

用影像化的方式呈现一段分析心理学在中国发展的历史，将心理学、历史学，以及视觉艺术研究结合起来，其研究意义在于：用视觉意象和符号化的镜头语言将中国文化与分析心理学相连，跨学科的研究更能够呈现出一种集体无意识的文化表达。心理分析在中国发展的主旨便是一种以中国文化为基础，发展出的一种适应中国人的、有效的心理分析理论，包括方法和技术，这亦是分析心理学的期望与努力的方向。在应用上，不仅可以运用在临床水平，起到基本的心理治疗的作用，还能够帮助人们心灵的发展与创造，增进心理健康，发挥其心理教育的意义，同时分析心理学还可以在认识自我与领悟人生意义的水平上，获得自性化体验与天人合一的感受。

心理分析在中国的发展历史研究对中国文化的传承与记忆，和在中西方心理学理论的整合与转化过程中起到非常重要的作用，《始之未济——

心理分析在中国》（图5-1）此项研究，用纪录片的影视语言表达形式，通过梳理心理分析在中国的发展历史，进行视觉艺术处理和工作，用影视拍摄及制作的手法对一门学科在中国的落地发展进行艺术化表达与呈现，并对其进行影视史学研究，具有重要的理论意义和应用价值。

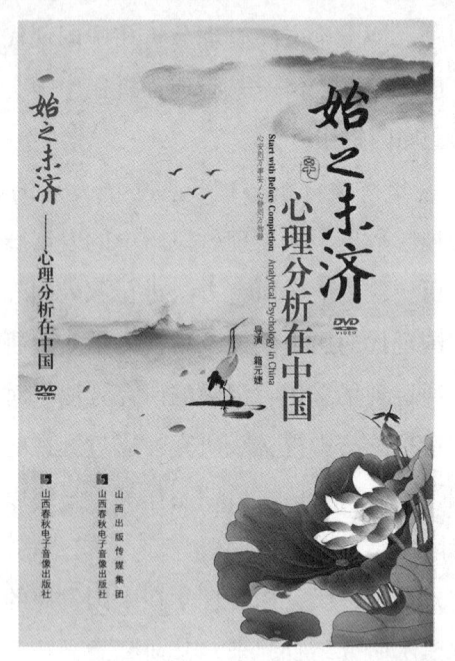

图5-1 《始之未济——心理分析在中国》封面

二、纪录电影《始之未济——心理分析在中国》故事梗概及内容

纪录电影《始之未济——心理分析在中国》以中国传统文化为基础，对心理分析在中国的发展历程进行了系统的记录。分别从"命名与启蒙"（图5-2）、"沟通与交流"，"成长与发展"及"实践和展望"4个方面呈现了心理分析在中国的发展进程。

图5-2 《始之未济——心理分析在中国》剧照（1）

今天，在弗洛伊德精神分析与荣格分析心理学的背景下，心理分析在中国蓬勃发展。而分析心理学的理论思想又与中国本土文化有着密不可分的渊源。弗洛伊德曾说，他对中国智慧充满尊敬，荣格也曾多次表示，他是中国文化忠实的学生，对东方的古老文明充满敬仰，在德国汉学家卫礼贤的引荐下，荣格对中国古老的炼金术论著——《金花的秘密》产生了浓厚的兴趣，并对此发表了著名的心理学评述，该评述被认为是连接西方心理学与中国传统文化最重要的阐释与记录，为当今分析心理学在中国的发展播种下了一粒珍贵的种子。

心理分析在中国的命名则与申荷永教授（图5-3）密不可分。2007年，申荷永在华南师范大学、复旦大学教授一门课程，取名为"心理分析：精神分析与分析心理学"。至此，心理分析走入了人们的生活视野。心理分析涵盖"精神分析"与"分析心理学"，心理分析伴随着中国文化心理学的发展应运而生。

图5-3 《始之未济——心理分析在中国》剧照（2）

如果将精神分析心理学比喻为心理分析产生的"父亲"，那么中国传统文化便是孕育心理分析的"母亲"。心理分析在中国文化的沃土上，渐渐生根、发芽并且日益丰满壮大。荣格熟读《易经》，从中提炼出"共时性"和"超越性功能"；从《西藏生死书》中，加强了其"集体无意识"的理论；从《金花的秘密》中，获得了其"积极想象"的方法和途径。心理分析的发展历史离不开中国禅宗的心与性。中国禅宗的心性智慧及道理亦如心理分析之建立关系，面对与整合情结和阴影，以及由容纳与抱持中获得慈悲与转化。心理分析在中国的发展与申荷永教授密不可分。就心理分析与中国文化的渊源及背景，本纪录片对申荷永教授进行了纪实性专访，如图5-4所示。

图5-4 《始之未济——心理分析在中国》剧照（3）

第五章　荣格心理学的视觉艺术呈现

　　心理分析在中国的发展不仅仅表现在学术理论上，在心理分析团队建设和人才的培养方面也尤为重视，并收获了良好的成果。时至今日，中国拥有了自己的荣格学会，即中国分析心理学会、中国沙盘游戏治疗学会，这对心理分析团队在中国的发展具有历史意义，而在这荣誉的背后是努力的汗水和坚毅的心性。心理分析在中国发展至今已有30余载，不仅仅是在理论水平上的深入研究，更是强调心理分析体验和实践的重要性，其意义是能够帮助人们获得自信心，获得创造力，获得人格和心性发展。《始之未济——心理分析在中国》剧照如图5-5所示。

图5-5　《始之未济——心理分析在中国》剧照（4）

　　在心理分析实践与社会服务方面，东方心理研究院和华人心理分析联合会推出了"心灵花园"公益项目，并在全国各地建立心灵花园工作站90所，包括地震灾区心灵花园援助计划和全国孤儿院心灵花园援助计划。此外，沙盘游戏在中国发展亦有30余年，在发展过程中，申荷永教授和北京师范大学珠海学院的张仁生教授都起到了非常重要的研究和推动作用。沙盘游戏疗法在中国可以说是直接在他们二位老师的领导和努力下进行的。面对当下我国青少年心理健康问题频发的研究，在中国沙盘游戏治疗如何开展培训、培训什么样的对象、培训什么样的治疗师、用什么样的方法培训以及为什么样的群体服务与工作等问题，都是对分析心理学工作者提出的挑战。《始之未济——心理分析在中国》剧照如图5-6所示。

图5-6 《始之未济——心理分析在中国》剧照（5）

综上所述，《始之未济——心理分析在中国》旨在对中国改革开放背景下心理分析的发展与历史进行记录、论述和研究。用视觉艺术的方式呈现一门学科的发展历史，其中充满着文化艺术的无意识表达，原型与符号充斥着每一帧的镜头。《易经·系辞》云："古者包牺氏之王天下也，仰则观象于天，俯则观法于地，观鸟兽之文与地之宜，近取诸身，远取诸物，于是始作八卦，以通神明之德，以类万物之情。"伏羲之一画开天，神道设教，其中已是蕴含时机、趋时、变化，以及转化与超越的智慧，心理分析不仅是在理论水平上的深入研究，更强调心理分析体验和实践的重要性。古有明训：先存诸己，后存诸人。真正的心理分析是要在生活中完成，心理分析的意义，不管是自性化还是积极想象，都必将在生活中实现，或者说终究要在生活中获得其真实的意义。视觉艺术以其独特的镜头、画面语言诉说着一段充满着文化意象的历史，讲述着走在这条道路上的人们，他们不畏艰险，勇于奉献，由此，心理分析在中国的核心便是正心诚意，明心见性，天人合一。正如影片结尾处所说：一切，始于未济，如图5-7所示。

第五章 荣格心理学的视觉艺术呈现

图5-7 《始之未济——心理分析在中国》剧照（6）

1. 剧本部分呈现

片头的引子："终其一生，我们都应最终成为我们自己……"

旁白：我们在不断进化的过程中，心灵也在不断地成长。以中国文化为基础的心理分析，致力于心灵真实性的追求与实践，致力于探索与呈现心灵所能达到的境界。今天，在精神分析和荣格分析心理学的发展背景下，心理分析在中国蓬勃发展。

镜头1：由古到今的心灵治愈镜头闪现。在古希腊神殿，亚里士多德开启了心灵治愈，梦见自己走入火堆——肉体上某部分比较暖和。之后，到中国古代人灵魂离开身体，再到现代科学家在实验室里进行精神治愈。镜头切换到改革开放初期的中国，用镜头表现心理分析的蓬勃发展的状态，以及对人类心灵的治愈和转化。同时，字幕出现出品人、导演、编剧等，最终引出题目——"心理分析在中国"。

镜头2：引出题目，镜头应用原景重现的方式。例如，古老的中国大门缓缓打开，出现一束光（可用故宫红色宫门）。伴随中国古典音乐，用毛笔缓缓书写的"心理分析在中国"出现在屏幕上。

开篇的目的：作为影片的开端，影片通过古老的图腾展示（或者意象、符号、神话传说、民间故事、文字图片、多媒体数据），以一种历史

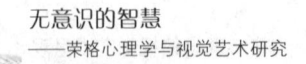

文化发展的视觉顺序，来呈现中国心灵的发展轨迹。为了让观众放松意识，借用镜头表现历史时间的发展，营造一种从古到今时光流逝的感觉，带观众进入影片当中。

2. 心理分析的起源

内容梗概：介绍心理分析产生的起源及背景，包含心理分析与中国文化的历史渊源和荣格的镜头表现。

旁白1：西方心理学与中国文化渊源已久，荣格曾说他自己是中国文化最忠实的学生。荣格多次表达出他对中国文化哲学以及对东方古老文明的敬仰，通过德国汉学家卫礼贤的引荐，荣格对中国古老的炼金术论著——《金花的秘密》产生浓厚的兴趣，并于1929年发表了心理学评述。这个评述被认为是关于西方心理学与中国传统文化最早的评论性记录，为今天的心理分析在中国的发展种下了一粒珍贵的种子，这正是心理分析在中国发展的深厚根基。

镜头1：呈现历史环境：改革开放至今与中国心理分析发展的相关事件。

旁白2：随着中国的改革开放，1979年，高觉敷教授受中国教育部委托，编写中国第一部《西方现代心理学史》。1980年，弗洛伊德及其精神分析逐渐进入中国学者的视野，进入了中国人的生活。1984年，高觉敷教授受商务印书馆之约重新校对出版了的《精神分析引论》，曾有法新社记者对其报道："高觉敷重新校对出版的《精神分析引论》，是中国真正开放的信号。"显然，这种开放意味着中华民族精神的开放、心灵的开放。

镜头2：高觉敷教授视频的呈现和其出版著作的影像数据。

采访镜头1：颜泽贤校长回忆申荷永老师从美国回到中国的实况录像。

采访镜头2：徐峰的采访剪辑。

采访镜头3：申荷永老师讲述他早期去往美国的经历以及对早期中国

文化心理学的介绍。

镜头3：四川大禹像的镜头和大禹治水的原型故事画面（特效）。

旁白3："命名"（naming）是一种重要的心理分析过程，包括"唤醒"和"启蒙"（initiating）。在中国文化中，命名与大禹的文化原型有着密切的关系。大禹疏川导滞，顺水尊道；以水为师，因势利导，故能使百川顺流，各归其所。同时，大禹也曾铸九鼎，命名山川百物，唤醒与启动了一种特殊的文化心性及其意义，其中也包含对于心理分析的启迪和智慧。

采访镜头4：申荷永关于心理分析早期命名的介绍。

旁白4：中国传统文化犹如伟大的母性，孕育着心理分析。即使在今天，我们仍需思考：如何获得"命名"与"启蒙"？用怎样的方式来表达我们对无意识的认识和理解？这其中最为关键的，便是对待无意识的态度和中国人自己的文化基础。

心理分析起源部分由此结束。

3.心理分析在中国沟通与交流

旁白1：在东西方人心灵的接触与碰撞过程中，我们内在的无意识冲动得到驯化，并在中国文化中获得深度滋养。这，便是炎帝神农的文化原型及其所体现的心理分析的意义。

镜头1：从几位专家教授将双手放在石板上，感应荣格、天人合一的故事开始引入（视频剪辑）。

旁白2：心理分析在中国的发展过程中，已经举办了七届心理分析与中国文化国际论坛（截至影片制作的2017年），这七届大会在不同的文化交融中使无数的心灵之花得以绽放。

镜头2：七届大会用莲花的七片花瓣代表，每一届大会的视频与照片展示过后汇聚成一个花瓣，最后将七届大会顺势融合成为一朵莲花，在屏幕中间展现。展示七届心理分析与中国文化国际论坛的回顾：选取部分主题、视频（大会开幕式视频、会议视频、讲课视频、照片，包括第六届大会期间演出荣格的《红书》话剧的剧照。）

旁白3：从第一届心理分析与中国文化国际论坛举办至今，无论是举办场地规模的扩大、参会人员数量的增加，还是会议主题的不断深入均发生了很大的转变。

旁白4：自1994年至今，国际荣格分析心理协会与国际沙盘游戏治疗协会派出很强的专家团队，给予了中国有力的支持。

镜头4：回放历史照片，各位专家历届大会时的照片，做成老电影胶片回放的视觉效果。

采访镜头1：托马斯·科茨，对第一次来中国的回忆。

镜头4：采访结束之后，展示几张科茨年轻时来到中国的照片。

采访镜头2：约翰·毕比。

镜头5：结束之后，展示几张他从年轻到现在的照片。

采访镜头3：默里·斯丹。

镜头6：结束之后，展示几张照片用于过渡。（最好用他们与高岚老师的合影）

旁白5：心理分析在中国发展到今天，约有数十位国际学者不远万里来到中国进行学术交流，并给中国的学生们传道授业。其中，不乏年逾七旬的老者。他们都深深地热爱着荣格分析心理学，孜孜不倦地为心理分析在中国土地上的发展默默地奉献着自己的大爱和心血。

采访镜头4：Joe、Tom Kelly、Paul、Allan、Bosnik、山中老师。

采访镜头5：李琪老师提出观点——心理分析在中国的发展是中国心灵的需要。

旁白6：炎帝神农文化原型的意象之中，包含着"培育""陶冶""牧养""驯化"，以及"疗愈"和"滋养"，更包含着中国人内在心灵的需要。

镜头7：炎帝的画面配合空镜头结束，包括音乐。

4. 心理分析在中国的成长发展与团队建设

镜头1：用镜头展现（延时镜头，或是历史穿梭，或是年轮）20年的匆匆而过。

旁白1：心理分析在中国发展的20余年里，截至2015年9月已经培养了4名国际荣格心理分析师，以及20余位候选心理分析师，百余名荣格心理分析与中国文化方向的博士生、硕士生以及访问学者。

镜头2：申荷永、高岚、范红霞、张敏老师的照片资料。

镜头3：利用影视特效呈现数据。团队建设的介绍（截至2015年9月）：荣格心理分析师4位、候选心理分析师20余位，博士后4位，荣获博士学位的有30余位、在读博士生60余位，获得硕士学位的有100余位、在读硕士生80位，国内外访问学者30余位、创办70个公益性组织心灵花园工作站。

旁白2：荣格心理分析拥有专业的学术团队，并创办了东方心理分析研究院及华人心理分析联合会，开办了心理分析网络课程，在全国拥有大量的志愿者和爱好者。将心理分析学科和职业教育培养范围加以扩展，正所谓"融情入境，妙趣天成"，体现了心理分析在中国文化中的天时、地利、人和。

镜头4：用特效展示东方心理分析研究院与华人心理分析联合会介绍、图片、数据等。

旁白2：心理分析师的成长，对心理分析团队在中国的发展具有重要的意义，在这荣誉的背后是艰辛的汗水、孤独的承受、使命的担当和对自性的执着。这是一个人自性化的旅程，是与内在灵魂的对话，是对生命意义的探寻。

镜头5：范老师或申老师的孤单、模糊的背影镜头。

采访镜头1：范红霞采访内容。

旁白3：心安则万事安，心静则万物静。心理分析说明我们在看到自

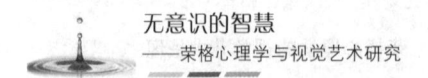

己的阴影、了解自我的情结的同时，我们心灵底部的自然之光也会自发涌现。随着这种涌现，心会变得更善良，人会变得更真诚，生活会变得更加美好，生命会变得更有意义。

采访镜头2：张敏老师的采访。

采访镜头3：刘建新、王求是、尹立、定空、冯建国、江雪华。

旁白4：心理分析在中国的发展离不开国际分析心理学会国际团队成员的帮助和支持，中国的心理分析团队在未来的成长道路上，任重而道远，充满着更多的机遇和挑战。

采访镜头4：Viviane、Luyigi、Brain、Marta等团队成员对心理分析未来的期望。

旁白5："人心惟危，道心惟微，惟精惟一，允执厥中"，中国的心理分析团队致力于在中国文化的基础上，发展一种有效的心理分析理论、方法与技术。这种心理分析不仅可以运用在个体临床水平，起到基本的心理治疗作用，而且能够帮助人们心理的发展与创造，增进心理健康，并发挥其心理教育、心灵滋养之意义。

镜头6：最后将心理分析的"十六字心传"拖出，作为这部分内容的结束。可以用毛笔缓缓写出，配以中国古典文化类的空镜头。

5. 心理分析在中国的实践——源于生活、用于生活

地震部分以悲伤基调引出。

镜头1：黑场——老北川县城灾后遗址，让时间重回到2008年5月12日的镜头重现。钟表、地震晃动的现场画面等（体现出悲壮的过去），镜头移到小白花的那一刻，音乐出现，之后跟随旁白。

旁白1：2008年的5月12日，四川省汶川县发生了8.0级强烈地震。震中为北川县的牛眠沟，此地是羌族文化的发源地和守护地，当地百姓大都是大禹的后人，他们在这里，终日守护着中华民族最古老的文化血脉。

镜头2：羌族文化的介绍加上受灾情况的介绍，搭配羌族的画面。

旁白2：当时，受灾最严重的是北川中学，各地的志愿者们在第一时间纷纷赶往震区。心理分析团队也及时赶往震区，对当地的学生及家长进行心理援助。心灵花园志愿者雷达同志在救灾过程中不幸牺牲。母亲河依然在缓缓地流淌，寄托着我们的哀思。

镜头3：去往北川中学路途上的镜头，搭配河流的视频。

采访镜头1：北川中学校长采访。回忆心灵花园进入北川中学，介绍当时的工作是如何开展的。

镜头4：校长讲述的过程中，出现高岚老师和申荷永老师在北川建立的心灵花园的照片。校长介绍完这段内容之后，加入旁白和地图的特效，包括2006年，申荷永教授和高岚教授开始筹备在孤儿院建立"心灵花园"，2007年正式启动后便带领学生全力投入工作的画面。目前（截至2015年）已在全国范围建立了70余所心灵花园，遍布乌鲁木齐、西宁、玉树、大连、珠海、中山、曲阜、泰安、临沂、南昌、新余、温州、石家庄、北京、上海、广州、成都、西安、吉林、海口和拉萨等地。

镜头5：各地心灵花园的图片。

旁白3：心理分析所有的努力便是创造条件，去唤醒和启动我们内心深处的爱与灵性，在"心灵花园"中获得成长。

采访镜头2：地震亲历者的采访。讲述地震带来的悲痛，失去母亲的经历。

旁白4：今天，北川中学是在灾区中恢复最好、最快以及最全面的学校。7年之后，在其他的社会及国际救援组织逐渐撤离的时候，心灵花园还一直守护在古老的山脉之中，心灵花园的志愿者们依然在默默地工作和奉献着。

镜头6：拍摄的新北川中学画面。

采访镜头3：北川中学校长接受采访，讲述在心灵花园的帮助下，新北川中学未来的发展。

采访镜头4：康老师的采访。介绍新北川中学的校园建设。

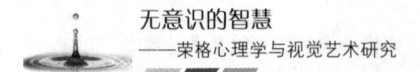

镜头7：北川中学校园教学楼等画面。

镜头8：北川中学心理咨询室的画面镜头（包括彭老师镜头）、北川中学心灵花园负责人康老师采访，以及北川中学的学生跳羌族舞蹈的视频。

采访镜头5：以校长感谢的视频结束此章。

旁白5：心灵花园能够将一所学校、一个班级建成一座花园，让学校成为老师和学生心灵的家园，让学生拥有快乐健康，去创造自己想要的生活。

镜头9：学生踢足球，北川雄起。

6. 结尾

镜头1：出现天地万物。鸟兽、山脉、河流、大海、宇宙等最终回归到原始混沌状态，由宇宙星辰聚积成一幅八卦图，之后映出伏羲女娲图几秒钟，在旁白读完之后缓缓消失。

旁白1：《易经·系辞》云："古者包牺氏之王天下也，仰则观象于天，俯则观法于地，观鸟兽之文与地之宜，近取诸身，远取诸物，于是始作八卦，以通神明之德，以类万物之情。"伏羲之一画开天，神道设教，其中已是蕴含"时机""趋时""变化"，以及"转化"与"超越"的智慧。

镜头2：一些空镜头或是文字背景用于过渡，之后毛笔书写"正心诚意""明心见性""天人合一"，配以相应的回顾心理分析在中国发展20年的视频素材和空镜头，最后黑幕只出现毛笔写的一句话："一切，始于未济。"

旁白2：心理分析不仅是在理论水平上的深入研究，更强调心理分析体验和实践的重要性。古有明训：先存诸己而后存诸人。真正的心理分析是要在生活中完成，心理分析的意义不管是自性化还是积极想象，都必将在生活中实现或者说终究要在生活中获得其真实的意义。由此，心理分析在中国的核心便是正心诚意、明心见性、天人合一。一切,始于未济……

影片至此结束。备注:全文音乐以中国古典音乐(古琴、古筝)为主;旁白选择男声(浑厚历史感的音色)贯穿整部影片。影片主旨:向观众呈现出心理分析在中国发展的心路历程,同时希望更多的人能够通过影像了解这段历史,对心理分析有更深入的理解和体验。影片除了客观记录心理分析在中国发展二十年的历史事件之外,也希望能够从人性的角度呈现心理分析在中国发展的现实意义与重要性。

三、纪录电影《始之未济——心理分析在中国》之于导演

心理分析的发展以中国传统文化为基础,《易经》作为中国传统文化的众经之首、大道之源,对中国心理分析的命名、启蒙与发展起着重要的作用。

作为导演、制作人,这部电影于我而言意义重大,其研究的渊源来自于我的一个"大梦":2013年的1月,在我准备参加博士考试之际,有幸梦到老子,老子缓缓地从袖子里拿出一卷泛黄的书卷送给我,我双手接过,慢慢打开,看到书卷中用毛笔竖排写着四个汉字——"始之未济"。

众所周知:《易经》以"乾""坤"为始,以"既济""未济"为终。"既济"和"未济"是易经中第六十三和六十四卦,也即最后两卦。既济意在完成,但也蕴含盛极将衰之理。未济,作为最后一卦,九二爻曰:"曳其轮,贞吉";六五爻曰:"贞吉,无悔,君子之光,有孚,吉。"这从集体无意识的视角分析,也许是对面对困难、坚守正道和抱持无悔的一种肯定和鼓励。作为梦主,我自然理解2013年我决定参加博士生考试之际"未济"对我内心的深远意义,但心理分析在中国的发展又何尝不是如此。

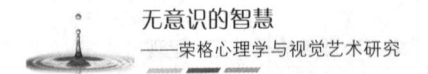

由此，便开始了我的博士生涯，也因此启发了我的博士论文选题。能够在博士学习期间做一项对分析心理学在中国的发展研究便成为自己唯一的目标。能够从事中国心理分析发展与历史的研究，对我而言是一大乐事，也是一种责任和使命。这一想法得到了范红霞教授的大力支持，申荷永教授为此提供了最为丰富的、珍贵的原始史料、照片、录音、录像，尤其是一些难得的手稿和影像数据。

电影制作的过程，不只是一个研究的过程，更是一段心理分析的旅程。历时六载，其中不凡感动、汗水和泪水，一次次的拍摄、一次次的研讨和修改，各位专家的意见和同学、同事的共同努力，让我收获了成长、友情和支持，也学会了共情和理解。其间，我也遭遇了自己的阴影和情结，也见到了内心深处早已忘记了的自我。在《始之未济——心理分析在中国》电影正式出版后不久，我的梦中出现了一只凤凰，梦中的我一直在奔跑，但跑到一个拐弯处的时候，一座城墙挡住了我的去路，我前面是一条河，这只凤凰冲破了挡在我面前的城墙，划开了天空中的屏障，撞开对面河水里的一扇门，门里面有一个金棺，里面放着一本闪闪发光的《易经》。此时，凤凰转过头来对我说："这就是《易经》的智慧！"

无意识很神奇，也非常智慧，像一部电影一般，用镜头化的语言与我诉说着古老而又神秘的心灵故事。正如当时梦见老子的梦境一样，梦中的四个字——"始之未济"也许正是意味着一种生命的循环，是一种周而复始的开始，象征了生命或者自性的循环，亦如梦中的凤凰。在中国传统文化中，凤凰只有涅槃之后才能获得重生。影片得以出版看似是一项工作的结束，但对我个人的心路成长而言，却是一种新的开始，这便是心灵成长的印记，也是无意识智慧的启示……

《始之未济——心理分析在中国》剧照如图5-8所示。

图5-8 《始之未济——心理分析在中国》剧照（7）

参考文献

一、论著

(一) 英文论著

[1] Shen H Y. Psychology of the Heart. Oriental Perspective of Modernity of East and West [M]. Eranos Years Book, 2010.

[2] Shen H Y. Psychology of the Heart and Chinese Culture Psychology [M]. Eranos Years Book, 1998.

(二) 中文论著

[1] 巴尔诺. 世界记录电影史 [M]. 张德魁, 冷铁征, 译. 北京: 中国电影出版社, 1992.

[2] 贝拉. 电影美学 [M]. 何力, 译. 北京: 中国电影出版社, 1986.

[3] 白寿彝. 史学概论 [M]. 宁夏: 宁夏人民出版社, 1983.

[4] 白寿彝. 中国史学史 [M]. 上海: 上海人民出版社, 1986.

［5］白寿彝．中国史学史论集［M］．北京：中华书局，1999．

［6］毕比．类型与原型［M］．周党伟，李源瑢，译．广州：洗心岛出版社，2014．

［7］伯克．图像证史［M］．杨豫，译．北京：中国电影出版社，2000．

［8］伯克．图像证史［M］．杨豫，译．北京：北京大学出版社，2008．

［9］布罗姆．荣格：人和神话［M］．文楚安，译．郑州：黄河文艺出版社，1989．

［10］曹喜琛．档案文献编纂学［M］．北京：中国人民大学教育出版社，1990．

［11］陈其泰．中国近代史学的历程［M］．郑州：河南人民出版社，1999．

［12］陈晓卿．百年中国［M］．山东：山东画报出版社，2002．

［13］单万里．电影纪录片文献［M］．北京：中国广播电视出版社，2001．

［14］德拉热，吉格诺．历史学家与电影［M］．杨旭辉，王芳，译．北京：北京大学出版社，2008．

［15］范志忠．百年中国影视的历史影像［M］．浙江：浙江大学出版社，2006．

［16］费罗．电影和历史［M］．彭姝祎，译．北京：北京大学出版社，

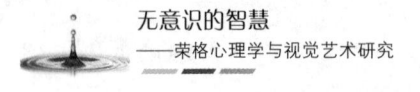

2008.

[17] 冯川. 神话人格：荣格[M]. 武汉：长江文艺出版社，1996.

[18] 冯亚琳. 文化记忆理论读本[M]. 北京：北京大学出版社，2012.

[19] 福尔达姆. 荣格心理学导论[M]. 刘韵涵，译. 辽宁：辽宁人民出版社，1988.

[20] 高岚，申荷永. 沙盘游戏疗法[M]. 北京：中国人民大学出版社，2011.

[21] 顾颉刚. 当代中国史学[M]. 上海：上海古籍出版社，2002.

[22] 何兆武. 历史理论与史学理论[M]. 北京：商务印书馆，1999.

[23] 何兆武. 历史理性的重建[M]. 北京：北京大学出版社，2005.

[24] 怀特. 后现代历史叙事学[M]. 陈永国，张万娟，译. 北京：中国社会科学出版社，2003.

[25] 霍尔. 荣格心理学纲要[M]. 张月，译. 郑州：黄河文艺出版社，1987.

[26] 霍尔. 荣格心理学入门[M]. 冯川，译. 北京：生活·读书·新知三联书店，1987.

[27] 翦伯赞. 史料与史学[M]. 北京：北京出版社，2005.

[28] 卡尔. 历史是什么[M]. 吴柱存，译. 北京：商务印书馆，

2007.

[29] 科茨. 荣格心理分析师［M］. 古丽丹，何琴，译. 广州：广东教育出版社，2007.

[30] 科茨. 我的荣格人生路［M］. 徐碧贞，译. 台北：心灵工坊文化事业股份有限公司，2015.

[31] 勒高夫. 历史与记忆［M］. 方仁杰，倪复生，译. 北京：中国人民大学出版社，2010.

[32] 黎晓小锋. 纪录片创作［M］. 上海：上海外国语出版社，2006.

[33] 李光地. 康熙御纂周易折中［M］. 成都：巴蜀书社，2013.

[34] 李光地. 御纂周易折中［M］. 冯雷益，钟友文，译. 北京：中央编译出版社，2011.

[35] 李健鸣. 历史学家的修养和技艺［M］. 上海：上海三联书店，2007.

[36] 李振宏，刘克辉. 历史学的理论与方法［M］. 郑州：河南大学出版社，1999.

[37] 郦苏元，胡菊彬. 中国无声电影史［M］. 北京：中国电影出版社，1996.

[38] 刘耀中. 荣格、弗洛伊德与艺术［M］. 北京：宝文堂书店，1989.

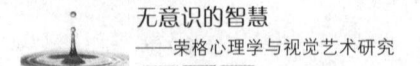

［39］马尔丹. 电影语言［M］. 何振淦, 译. 北京: 中国电影出版社, 1980.

［40］欧阳宏生. 纪录片概论［M］. 成都: 四川大学出版社, 2004.

［41］潘正德. 团体动力学［M］. 台北: 心理出版社有限公司, 1996.

［42］钱钟书. 谈艺录［M］. 北京: 生活·读书·新知三联书店, 2008.

［43］荣格. 分析心理学的理论与实践［M］. 成穷, 王作虹, 译. 北京: 生活·读书·新知三联书店, 1991.

［44］荣格. 人及其象征［M］. 史济才, 译. 河北: 河北人民出版社, 1989.

［45］荣格. 荣格文集［M］. 冯川, 苏克, 译. 北京: 改革出版社, 1997.

［46］荣格. 荣格文集九卷［M］. 申荷永, 高岚, 译. 长春: 长春出版社, 2014.

［47］荣格. 荣格自传［M］. 陈国鹏, 黄丽丽, 译. 北京: 国际文化出版公司, 2011.

［48］荣格. 心理学与文学［M］. 冯川, 苏克, 译. 北京: 生活·读书·新知三联书店, 1987.

［49］荣格. 追求灵魂的现代人［M］. 冯川, 译. 贵州: 贵州出版社,

1987.

［50］塞尔托. 历史与心理分析［M］. 邵炜，译. 北京：中国人民大学出版社，2010.

［51］散木. 老照片里的鲜活历史［M］//冯克力·老照片 第6辑. 山东：山东画报出版社，2004.

［52］申荷永. 点金石心理分析译丛［M］. 北京：中国社会科学出版社，2003.

［53］申荷永. 灵性：分析与体验［M］. 广州：广东教育出版社，2006.

［54］申荷永. 灵性：意象与感应［M］. 广州：广东教育出版社，2006.

［55］申荷永. 荣格与分析心理学［M］. 广州：广东高等教育出版社，2012.

［56］申荷永. 三川行思：汶川大地震中的心灵花园纪事［M］. 广州：广东科技出版社，2009.

［57］申荷永. 文心吉庆：心理分析与中国文化丛书［M］. 广州：广东教育出版社，2004.

［58］申荷永. 洗心岛之梦［M］. 广州：广州科技出版社，2011.

［59］申荷永. 心理分析：理解与体验［M］. 北京：三联书店，2004.

[60] 申荷永. 心灵花园：心理分析与沙盘游戏丛书［M］. 广州：广东高教出版社，2004.

[61] 申荷永. 心灵与境界［M］. 郑州：郑州大学出版社，2009.

[62] 申荷永. 意象体现与中国文化［M］. 广州：洗心岛出版社，2013.

[63] 申荷永. 中国文化心理学心要［M］. 北京：人民出版社，2002.

[64] 司马迁. 史记［M］. 北京：中华书局，1959.

[65] 汤普森. 历史著作史［M］. 谢德风，译. 北京：商务印书馆，1992.

[66] 王尔敏. 史学方法［M］. 桂林：广西师范大学出版社，2005.

[67] 王国维. 王国维文集：第三卷［M］. 北京：中国文史出版社，1997.

[68] 肖平. 记录片历史影像的制作基础及实践理论［M］. 北京：中国广播电视出版社，2005.

[69] 杨念群，黄兴涛，毛丹. 新史学［M］. 北京：中国人民大学出版社，2003.

[70] 伊格尔斯. 二十世纪的历史学：从科学的客观性到后现代的挑战［M］. 何兆武，译. 沈阳：辽宁教育出版社，2003.

[71] 于沛. 现代史学分支学科概论［M］. 北京：中国社会科学出版

社，1998．

［72］张广智，张广勇．史学：文化中的文化［M］．上海：上海社会科学院出版社，2003．

［73］张广智．影像记录［M］．台北：杨智文化出版公司，1998．

［74］张红军．纪录影像文化论［M］．北京：新华出版社，2006．

［75］张江华，李德君，陈景源，等．影视人类学概论［M］．北京：社会科学文献出版社，2000．

［76］张雅欣．中外纪录片比较［M］．北京：北京师范大学出版社，1999．

［77］钟大年，雷建军．纪录片：影像意义系统［M］．北京：北京师范大学出版社，2006．

［78］朱景和．纪录片创作［M］．北京：中国人民大学出版社，2008．

二、期刊论文

（一）英文期刊论文

［1］Hyden W．Historiography and Historiophoty［J］．American Historical Review，1998，93（5）：1193–1199．

［2］Shen H Y．The heart of Jungian analysis and existential psychology［J］．Existential psychology：East and west，2009．

［3］Shen H．The I Ching's Psychology of the Heart［J］．Psychological

Perspective, 2006, 49.

（二）中文期刊论文

[1] 蔡彦峰. "文学的哲学"：文学史观与文学史的构建[J]. 福建师范大学学报（哲学社会科学版），2009，154（1）：54-59.

[2] 曹寄奴. 影视史学的真实性和虚构性[J]. 遵义师范学院学报，2003（2）：72-75.

[3] 陈志刚. 历史研究法在教育运用中应注意的要求[J]. 教育科学研究，2013（6）：76-80.

[4] 范红霞，籍元婕，申荷永. 心理分析在中国现代发展的历史起源[J]. 晋阳学刊，2015（5）：139-141.

[5] 范红霞，籍元婕. 传媒视角下的人格阴影及其转化[J]. 编辑之友，2015（9）：59-61.

[6] 范红霞，申荷永，籍元婕，等. 汉民族文化中母亲形象的社会观调查与研究[J]. 山西大学学报（哲学社会科学版），2014，37（5）：116-120.

[7] 范红霞，申荷永，李北荣. 荣格分析心理学中情结的结构、功能及意义[J]. 中国心理卫生杂志，2008（4）：310-313.

[8] 冯建国，刘晓明，王兴华. 两位心理分析家眼中的中国之道[J]. 大庆师范学院学报，2003，30（2）：129-133.

［9］胡新．评《荣格文集》：建构东西方心理学理解的一座桥梁［N］．光明日报，2014-02-17（2）．

［10］蒋葆．影视史学刍议［J］．安徽史学，2004（5）：5-9．

［11］李宝祥．黄仁宇史学方法探要［J］．学术探索，2009，6（12）：99-103．

［12］李春青．论文学研究与历史研究之关联［J］．北京师范大学学报，2009（2）：36-40．

［13］李晓珊．浅论历史研究方法［J］．教育界，2012（10）：24-25．

［14］申荷永，陈侃，高岚．沙盘游戏治疗的历史与理论［J］．心理发展与教育，2005（2）：124-128．

［15］申荷永，徐峰，宋斌．心理分析与中国文化［J］．心理科学，2004，27（4）：1432-1434．

［16］申荷永．荣格与中国：对话的继续［J］．学术研究，2004（11）：74-78．

［17］申荷永．心理分析与中国文化［J］．中国心理卫生杂志，2005，19（6）：425-427．

［18］申荷永．心理学与中国文化［N］．光明日报，1997-03-01．

［19］申荷永．中国文化与心理学［N］．光明日报，2000-07-25．

［20］王家忠．建立中国特色的分析心理学［J］．潍坊学院学报，2011

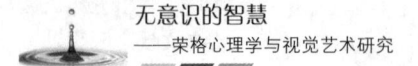

（5）：142-145.

［21］王敏，王焱. 口述史编写初探［J］. 档案时空，2011（12）：13-15.

［22］王镇富. 影像史学研究［D］. 济南：山东大学，2011.

［23］吴英. 史学理论研究30年［J］. 史学研究理论，2008（2）：10-15.

［24］谢慧敏. 影视史学中国诞生记［J］. 唐山师范学院学报，2010，39（6）：56-58.

［25］谢勤亮. 影像与历史：影视史学及其实践与试验［J］. 现代传播，2007（2）：79-83.

［26］张广智. 重现历史：再谈影视史学［J］. 学术研究，2000（8）：84-90.

［27］张敏，申荷永. 黑塞与心理分析［J］. 学术研究，2007（4）：44-48.

［28］张荣明. 近百年中国思想史探索与反思［J］. 西北大学学报（哲学社会科学版），2009，39（3）：20-28.

［29］张文生. 中国百年间史学理论研究的回顾与反思［J］. 南开学报，2004（2）：18-24.

［30］赵丹. 影像史学的发展与展望［J］. 电影文学，2014（5）：

9-12.

[31] 周梁楷. 书写历史与影视史学 [J]. 当代, 1993 (1): 88.

（三）电子资源

[1] 东方时空·生活空间 [Z/OL]. 中央电视台综合频道.

[2] 记忆 [Z/OL]. 重庆卫视.

[3] 纪录片编辑室：大师 [Z/OL]. 上海电视台.

[4] 见证·影像志；探索与发现 [Z/OL]. 中央电视台科教频道.

[5] 口述历史 [Z/OL]. 香港凤凰卫视.

[6] 历史传奇；发现之路 [Z/OL]. 中央电视台纪录片频道.

[7] 申荷永. 德行深远 [EB/OL]. (2007). http://blog.sina.com.cn/shanmu303.

[8] 申荷永. 东方心理研究院背景介绍 [EB/OL]. (2013). http://tieba.baidu.com/p/2574808366.

[9] 申荷永. 黑塞与心理分析 [EB/OL]. (2007). http://www.psychspace.com/psych/viewnews-691.

[10] 申荷永. 华人心理分析联合会简介 [EB/OL]. (2014). http://www.psyheart.org/4/21.html.

[11] 申荷永. 明天你要去震区 [EB/OL]. (2009). http://blog.sina.com.cn/shanmu303.

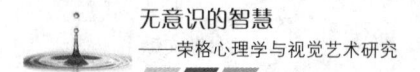

［12］申荷永. 尼泊尔之行［EB/OL］.（2014）. http://m.xinli001.com/site/note/5006.

［13］申荷永. 十年一梦［EB/OL］.（2011）. http://blog.sina.com.cn/s/blog_4b6999900102dqpf.html.

［14］申荷永. 文化与心灵：心理分析与中国文化［EB/OL］.（2010）. http://blog.sina.com.cn/shanmu303.

［15］申荷永. 以佛医心［EB/OL］.（2007）. http://blog.sina.com.cn/shanmu303.

［16］申荷永. 以心为本的心理学：中国人的幸福与文化心灵［EB/OL］.（2013）. http://blog.sina.com.cn/s/blog_a6eb92f00101.

［17］往事［Z/OL］. 山东卫视.

附　录

《心理分析》：来自中国的心声

默里·斯丹

《心理分析》杂志的创刊，是一个里程碑，标志着一个时代的到来：中国的荣格心理分析时代。它不仅将对广大的荣格分析心理学世界具有十分重要的意义，而且对于当代中国社会也将具有潜在的深远影响。

毫无疑问，深度心理学可以在世界范围的现代文化中发挥重要的作用。虽然深度心理学起源于欧洲中部（奥地利、瑞士）的弗洛伊德与荣格的著述中，早期贡献也来自英国及北美洲，但在今天已是全球性的发展。在今天，深度心理学的一个新声音在当代中国响起，《心理分析》恰逢其时应运而生。这份期刊的创立者，应当因其远见及奉献而受到称赞。

分析心理学以及荣格的思想能够为所有世界级文化弥合差异与和谐交流创造条件，尤其是为西方与东方的连接与和谐交流做出重要的贡献。

由于荣格对古典中国哲学特别是道家及《易经》的长期兴趣及深切欣赏，他的分析心理学学派适合当代中国人在目前及往日心智模式之间建立创造性关联。在荣格思想与中国文化之间，存在一种强烈联系，它开始于荣格与卫礼贤在20世纪20年代的密切合作，而且荣格毕生都致力于增强这种联系。

这份新期刊将提供一个空间，中国与西方的心理学家能够于此相遇、进行对话，这将带来相互的受惠、丰富与发展。时机已成熟：深度心理学可以向中国心理学传统中的古代及当代的思想家们学习。申荷永教授在其对中国"以心为本的心理学"（psychology of the heart）的体系建构中，已经开始了这项工作。进一步的贡献将很快来自中国各界的学者们，内容涵盖炼金术、《易经》、传统医学、神话、童话、武术、文学、宗教与哲学。在西方的我们期望向他们学习，与他们进行富有成效的探讨。

生活在西方的我们对来自中国视野的临床反思也很感兴趣。当触及对心智障碍的心理治疗和有关心智发展议题的探讨时，文化背景会带来重大影响。来自全世界各文化的贡献极大地扩展及丰富了我们全人类自性化过程的图景。与此有关的焦虑、心理创伤、抑郁、职业倦怠及丧失意义感、性格障碍、中年危机、婚姻冲突与破裂、家庭机能障碍的治疗，以及其它许多临床困扰将得以体现，并使我们更加了解文化的差异性及相似性。中国文化背景中的梦的解析，对于全球范围的荣格分析心理学都将具有特别重要的意义。

《心理分析》将促进中国深度心理学学者的发展，鼓励他们从事研究，并刊登他们的研究成果。因此，它将激发新的思考方向，激发对已充分确立的理论观点的应用。希望它将吸引新的学者来从事对心灵及其治愈潜力的探索。我预见这样的一种努力将会使众人深深获益。

《心理分析》，东西方心灵的沟通

托马斯·费舍

在过去20年中，荣格心理学在中国取得了重大飞跃：2012年第五届"心理分析与中国文化"国际论坛举行；在华南师范大学（广州）、复旦大学（上海）和澳门城市大学先后建立了3个荣格心理学研究中心和研究院，以及相应的国际分析心理学会分会；在整个中国大陆孤儿院及地震灾区则建立了众多荣格心理分析工作站（心灵花园）。在中国（荣格和荣格学派的许多著作都被翻译出版）近年又翻译出版了九卷本的《荣格文集》，而现在二十卷本的《荣格全集》最新中文版也已接近完成。作为这些努力的最新进展《心理分析》——新的中国分析心理学杂志，创办得非常及时，是此领域备受欢迎的贡献。荣格著作基金会欣然接受这一创新，我们向《心理分析》的编辑及撰稿人表示由衷祝贺。这一新的出版物将进一步促进与加强分析心理学与中国传统文化的结合。

在其一生，荣格产生了对中国古代文明及浩瀚历史的深切兴趣，特别是对道家传统及庄子哲学的研究。荣格对中国思想的认识主要来自他与德

附 录

国汉学家卫礼贤的友谊,后者于1925年在德国迈恩法兰克福歌德大学创立了中国协会。卫礼贤把中国典籍翻译成德文,荣格经由这些译文熟悉了中国思想。《心理分析》杂志的读者应会记得2013年在青岛举办的心理分析与中国文化国际论坛便是为了纪念这二位伟人的合作,青岛是卫礼贤曾居住过20多年的故乡。

荣格与中国哲学和中国思想结缘发生在当时欧洲对东方哲学与宗教具有广泛兴趣的背景下。荣格从其学生时期开始阅读欧洲文学与哲学经典,进而研究早期基督教象征,涉及诺斯底灵知,古代神秘主义宗教,埃及、墨西哥、印度以及东方国家的神话等领域。他对"远东"的认识最初主要是来自他为丰富自己私人藏书所购置的庞大的五十卷本英文版《东方圣书》(the Sacred books of the East)。这是一套亚洲宗教著作,收录了印度教、佛教、道教、儒学、琐罗亚斯德教、耆那教、伊斯兰教等各宗教的核心圣书。

于是,当卫礼贤于1928年请荣格从欧洲心理学角度撰写对《金花的秘密》评注时,无疑激发了荣格的兴趣。20年后,荣格于1948年为卫礼贤的《易经》的英文版撰写前言,在欧洲及美国的荣格学派圈子中《易经》早已被用作心理治疗设计。

荣格对中国文献及哲学的许多评论表达了他的深切赞赏,他显然从中也获得了对自己治疗工作的新洞察,如荣格在为卫礼贤《易经》译本撰

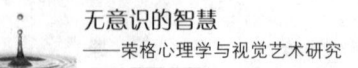

写的前言中所说："即使最有偏见的眼睛也不难看出这本书代表着仔细审视自己的性格、姿态和动机的深远告诫。"其中的创造性自我理解观念，对于荣格心理学有着特殊的吸引力。同时中国文献中的材料超越于个体体验，指向更广阔的象征意义，对此荣格已在其原型及集体无意识理论的基础上开始了研究。在19世纪20年代—19世纪30年代的教学及研讨会中，荣格经常谈及"东方的相似性"，借以扩展西方心灵的个体体验，但他自己很清楚当触及该主题时，其自身是深切地植根于一种西方思维方式中的。

有关中国哲学的研究显然启发了荣格的思想与工作，他对人类心灵共同遗产的观察似乎能够在今天、在西方与东方的思维方式之间建立起衔接及促进相互理解。在机构建设及心理治疗方面，分析心理学都已经能够在现代中国获得接受，这证明了它的潜力，希望这个新杂志的发行将进一步激发并实现这一潜力。我们希望《心理分析》将能够吸引诸多有兴趣的读者，并祝愿编辑们在工作中事事成功。

圣婴与顽童，原型与意象

维蕾娜·卡斯特

在这新的时代，能为这样一份崭新的心理分析杂志撰写序言，我感到非常荣幸和喜悦。创办一份杂志意味着愿意为心理分析在中国的未来发展投入大量的精力，这对于世界荣格心理学来说都具有重要的意义。

如果一个组织能够创办一份杂志，将会极大地促进专业的交流，提升其呈现给外界的专业形象。拥有一份杂志意味着能够创造性地发展荣格心理学，并且准备好了接受来自同行的各种响应和可能的批评。理想的话一份杂志已是代表了持续对话的可能，同时来自国外同行的论文也会被刊登、阅读和讨论。通过我们的杂志，我们也可以向其他流派的同行和其他对荣格心理学感兴趣的人表明，我们已在与其对话和交流中；通过我们的杂志，也能让读者了解到我们目前在做的有趣的研究项目。

一份新的杂志凝聚了极大的期待、喜悦与希望——这正是圣婴原型的展现，我希望顽童——也是神话原型中的一部分——不会太强。所以请接受我衷心的祝愿，祝《心理分析》的繁荣、成功与发展。

河与船

克利斯汀·盖拉德

创立一份杂志是一种很大的、美丽的冒险。很高兴看到中国荣格分析心理学以这种方式来证实其自身的活力及丰富。我曾有幸看到在广州、上海、台湾，我们的分析师同事以及他们的学生，一起寻求创造自己的道路——每个人都以自己的方式来参与，并且借助于来自全世界（心理分析师）的贡献与合作。

中国是个容器，在此聚集了许多（来自世界各地的）临床医生及督导师。他们手段各异、方法不尽相同，但都始终关注他们之间的相似性而非关注他们之间的差异、争论或甚至可能的紧张。我们的好客东道主怀着巨大的期望、优雅的请求，对此都予以欢迎和接受。

在今天创立这份杂志是中国分析心理学运动史上的新步伐，开创了一个新的时代。新时代中的这一新步伐也是一个新的机会，去体验那种整体的内聚及部分的独特，同时也让他人获得同样的感受。

确实，一份杂志应该或有责任同时具有统一性和多元化，它必须有一个独立、明确的身份特征，使其每期都能持续发扬其自身的精神及编辑路线。同时也必须开放接纳所刊载作者的个性化取向，向他们提供机会来表达对大家都有益的思想。

我们荣格分析心理学运动的显著特点之一，自其发源以来尤其是在当代，就是统一与变化并存。它还知晓在世界各地有时幸运、有时相当黑暗的各种文化及背景中，如何诞生或重生以及重新开始，尤其是在今天的各文明中寻找其变化生成的道路及路标。

荣格分析心理学运动在向前推进。它的推进往往很谨慎，在小团体中进行，托付于少数人的承诺及原发性。在这旅程中我们偶尔也会停下来，这是休息、透气的时间，以便我们人人都确知自己的个体小船被牢靠地维系在那深处。

几年前当我在巴黎国立美术学院授课时，有幸遇到程抱一（François Cheng）先生并与其以友相待。他是著名的诗人、卓越的中国哲学与绘画鉴赏家，他把自己私人收藏的一幅绘画委托给我，允许我在当时编辑的一个杂志中刊登。那是一幅宋代绘画，是早期配有书法的中国风景绘画之一。画中河堤上生长着茂盛的树木，河对面是耸立的高山，山中流出小溪。我们能够看到，在那河面上有一叶小舟，这风景上所配的那七字题词是：秋江烟暝泊孤舟。

沙游之疗愈

山中康裕

从挚友申荷永教授得知中国成立了沙盘游戏治疗学会，同时开始发行学会的杂志，更为荣幸的是他希望我在此之际撰写序言，我感到高兴。

首先，我衷心祝贺中国沙盘游戏治疗学会的成立，祝愿此领域在中国得到很好的发展。对申荷永教授及其同仁至今为此付出的不懈努力我也由衷地表示敬意，给予鼓掌。

我本人和申荷永教授有几个共同点：首先，我们都是心理分析师；其次，学术领域的方向都是荣格心理学；最后，对于中国的古典文化，对沙盘游戏治疗也都很感兴趣。我们是1995年在国际分析心理学大会上认识的，后来申荷永教授曾前来日本参加箱庭疗法大会。去年在苏州大学举办的中国表达性心理治疗国际学术研讨会上，我们又相聚一起。当时我是大会的外方主席，申老师亲自主持了我个人实施的工作坊。虽然是多年之后的重逢，但是瞬时间加强了我们可以称作为持有了20年深厚友情的挚友的关系，那对于我来说倍感喜悦。

附 录

　　申老师对日本的箱庭疗法的发展过程及其内容有高深的了解，我也能够随处感受到他对日本的河合隼雄、樋口和彦、山中康裕对箱庭疗法作出的各自贡献同样理解至深。其中，我特别想提的一点是把"sandspiel"命名为"箱庭疗法"的河合隼雄先生的功绩，对于连卡尔夫本人都没有意识到的部分是河合隼雄先生给予了修正，随后把它称之为了"箱庭疗法"。就河合先生的修正之处而言，比如他特别强调"箱庭疗法在某种场合下并非需要任何的解释""最重要的是来访者在制作沙盘作品时治疗师必须在场"等等，我认为都非常正确。当我得知申老师也持有同样的观点时感到很高兴。

　　另外，申老师更具有从中国哲学、中国文字起源的角度出发的追溯根源的思维方式。在日本，是我本人把卡尔夫的德语原著《Sandspiel, seine therapeutische Wirkung auf die Psyche》翻译成了日语。卡尔夫女士在其著作中就提到了老子的《道德经》、自古以来常用的"太极图"，也引用了周敦颐的哲学等。完全可以理解她对中国古典文化的深厚造诣，毫无疑义卡尔夫的基点之一来自中国的哲学与文化。我本人也受到了这样的中国哲学、中国文化很深的影响，也是令我感到高兴之处。

　　我对申老师所强调的，比如对"治愈""游玩"等一些基本事宜而言，应当回归于其汉字的原点"必须考虑汉字的原义"的看法也完

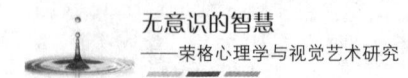

全赞同，我也时常阐述同样的观点。今后就对深奥文字的理解、中国文化的深远智慧等方面，我还得向申老师学习请教。最后，我期待中国沙盘游戏治疗学会今后不断地发展，也祝愿申老师健康，以此作为序言。

愿景与愿力

瑞·罗杰斯·米切尔、哈里特·弗里德曼

我们非常荣幸来为中国第一份沙盘游戏治疗杂志撰写序言。分析心理学及沙盘游戏治疗在中国的发展，是从1993年开始的，这份杂志标志着其至今20年的历程。在此期间申荷永及高岚——中国最早具有国际资质的心理分析师和沙盘游戏治疗师，发起并资助了许多重要的活动，他们促进了沙盘游戏在中国的发展，其中包括六届心理分析与中国文化国际论坛，国际分析心理学会与国际沙盘游戏治疗学会。

在过去的20年中，申荷永与高岚在中国的3所大学：华南师范大学（广州）、复旦大学（上海）、澳门城市大学（澳门），建立了心理分析与沙盘游戏治疗研究机构。目前，沙盘游戏治疗在中国获得热情接受，一些大学相继开设了正式的沙盘游戏治疗课程。

我们与申荷永、高岚是1995年在瑞士苏黎世"世界分析心理学大会"上认识的，已有近20年的友谊。也是受其邀请和安排，10多年前我们来到中国，与申荷永和高岚一起从事心理分析与沙盘游戏治疗的专业培训，推动沙盘游戏治疗在中国的发展。

为了2008年四川大地震后人们的心理需要，申荷永与高岚推广了其所创办的"心灵花园"，目前已在中国大陆的孤儿院中建立了超过60个心灵花园工作站。沙盘游戏及荣格心理学被运用于帮助孤儿的心理发展，以及向地震受害者提供心理救援。

申荷永与高岚在2004年出版了中国第一部沙盘游戏治疗专著，凯·布莱德温为其撰写了前言。他们还把一系列的沙盘游戏书籍翻译为中文，其中包括多拉·卡尔夫、凯·布莱德温、瑞·罗杰斯·米切尔、哈里特·弗里德曼以及鲁思·阿曼的著作等。此外，申荷永与高岚还出版了一些关于分析心理学的著作，由默里·斯丹、托马斯·科茨、约翰·毕比等撰写了前言。申荷永与高岚最近翻译并出版了九卷本的荣格文集，他们主编的二十卷本的《荣格全集》将于2015年问世。

为了将沙盘游戏传入中国及沙盘游戏在中国的发展，申荷永与高岚做出了不懈地努力、无私地奉献；同时其个人的愿景与愿力将其以心为本的心理学与心灵带给东方与西方，使得我们大家都备受鼓舞与启迪。

我们谨向你们表示衷心的祝贺。我们相信你们的这份中文杂志，将会取得巨大的成功为增加沙盘游戏治疗的知识、领悟与支持作出贡献。

东方智慧，沙游之根

马丁·卡尔夫

心理分析与沙盘游戏在中国的发展20多年前已经开始，如今创建中文的沙盘游戏治疗杂志，则是20年的自然发展。

华人心理分析联合会的创办会长申荷永和其夫人高岚，都是沙盘游戏治疗师和荣格心理分析师，长期以来致力于沙盘游戏在中国的发展，为其开辟了富有成效的途径。我知道他们在中国的3所大学（华南师范大学、复旦大学、澳门城市大学）建立了心理分析与沙盘游戏治疗的研究机构。此外我也了解到，他们在中国大陆的孤儿院以及地震灾区建立了60余所心灵花园工作站以帮助孤儿的心理成长，为地震受害者提供心理援助。

于是，由瑞士心理治疗师多拉·卡尔夫创立的沙盘游戏治疗在中国逐步发展，越来越为人所熟知。

我母亲多拉·卡尔夫年轻时的冲动之一，就是研究中国哲学与汉语。她对道家哲学尤其着迷，后来以其沙盘游戏治疗经验为基础，与中国作家和哲学家张钟元有深入的交流。张钟元写了一些关于道教的书籍，如《创

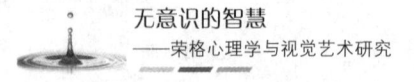

造力与道教》。

在沙盘游戏中，多拉·卡尔夫关注到，沙中的游戏过程，尤其是她称之为"自性显现"的一刻，正是引发治愈及转化的关键点。它经常在象征"方"和"圆"，或者具有中心性的方圆结合的意象中表达自身。荣格也曾指出发生在梦及绘画中的这种类似体验及相应的形象。他称其为"曼荼罗"（mandalas），用的是来自印度文化的术语。多拉·卡尔夫坚持认为：在其特质中，它们指向一个超出自我意识的维度，并伴随一种特别的感受性，被她描述为"圣秘"（numinous）。它属于一种心境，可以伴随深刻的寂静、伴随深刻的感触。依据荣格的说法，这便是对触及人之为人的核心，即自性或整体的一种体验。对多拉·卡尔夫来说，沙盘游戏中的类似体验，具有一种治愈特质，这是修复与重建一种更踏实、更健康的人格的基础。

在与张钟元讨论时，多拉·卡尔夫把这种体验与周敦颐的"太极图"联系在一起。她基本上是把"太极"与"自性"相连，将太极和阴阳两极与自性显现相关联，作为自我发展的基础。对此我们可以从周敦颐的解释性文献中，获得很好的理解："无极而太极。太极动而生阳，动极而静。静而生阴，静极复动。一动一静，互为其根。分阴分阳，两仪立焉。"

周敦颐的论述也与自性作为人类自我调节原则的观念有关。当一个人的思维或行为走向一种极端，该原则就会被启动。极端的理性态度便是例证。在这种情况下，经由对梦的考察，人们可能会了解未曾触及的、无意识的内在情感生命，认识到在理性与情感之间获得新平衡的需要。

梦和沙盘游戏中的创造，皆可视为自性之自我调节作用的表达，其指出了片面意识态度的局限，呼唤对被排斥部分的整合。周敦颐所精彩论述的静与动之间的变化，可被视为一种深层次的基本原则，这与荣格所描述的一种力量非常相似，一种在意识与无意识之间变化与活跃着的力量。

意识人格的健康发展，依赖于这样一种觉察能力，去觉察那些源于无意识（或被忽视或被分离）的新平衡，或如同荣格所说"成为更加完整"的冲动。对于荣格来说，这种完整性在我们生命的开始就早已作为一种潜能存在于我们每个人内心，在具体的人生中来实现这种完整性便是他所称之为"自性化过程"的目标。这种自性化过程也出现在多拉·卡尔夫与其来访者工作的沙盘游戏意象中。

从而我们可以说，多拉·卡尔夫早期对中国哲学的兴趣，为中国思想与荣格心理学之间最初联结的形成奠定了基础。她在其沙盘游戏治疗著作的导论中，对此也曾简要地有所提及。另外，她也确实从张钟元那里学到一种特别的道家吐纳与冥想技术。这种道家技术在非常具体的日常层面，能够使她在短暂的工作间隙（完成一次来访者工作之后与开始和下一位来访者工作之前）完全恢复自己的精力。实际上，获得一种处理患者传染性心理状态的方法和手段是很重要的，因为众所周知从事助人职业的人士，

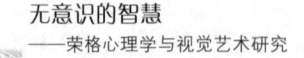

如果不照顾好自己，往往就会成为"职业倦怠"的受害者。

我在这里用一些篇幅介绍中国思想与西方心理学之间交流的开始是希望这种交流能够在许多不同的水平，以及在未来获得继续与深化。为了维护沙盘游戏的丰富传统，当然就必须耐心细致地来进行这种交流。同时我们必须考虑到沙盘游戏治疗也在经历变化，比如其传入许多不同国家与不同文化的过程，而且这种交流也必须考虑中国的当代需要与现实。

对于这样一种交流，我总是感到为了维护沙盘游戏治疗的治愈潜力，就有必要持续关注其3个根源：玛格丽特·洛温菲尔德（Margaret Lowenfeld）的"世界技术"（World Technique）、荣格的心理学、东方沉思传统的影响。沙盘游戏的创立者多拉·卡尔夫在自己的工作中就是把这3个主要潮流整合到了一起。

这种方法和方式将感受维度经由对"触摸及塑造沙子和使用多种沙具创造意象或意象世界"的回应，以及随着那些意象而涌现出来的故事整合在一起。如同邦妮·巴德诺赫（Bonnie Badenoch）在其著作《做一个头脑清醒的治疗师》（Being a Brainwise Therapist，2008，Northon and Company Inc.）中所指出的，这样看来，沙盘游戏有助于大脑自上而下及横向的整合。

我本人感觉到对沙盘游戏治疗中出现的身体感觉及过程，予以一种新的关注以便帮助患者在一种感受性水平，去体验沙中游戏的效果是至关重要的。这种方法可以从去觉察创建沙盘之后的感觉开始，如觉察身体的紧张、放松、轻松、沉重、温暖或寒冷等。很多人特别是那些经历了心理创伤的人，会难以触及身体的感觉及感受。

同时作为治疗师，若是也能让自己接触这一层面的体验，从而获得对反移情身体方面的觉察也是颇有帮助的。有关正念冥想（mindfulness meditation）及其医学应用的实践，如卡巴金（John Kabat Zinn）的"正念减压"（mindfulnessbased stress reduction），对此也具有帮助的价值。目前心理治疗的许多新的发展，也都以某种现实的方式，呼应了沙盘游戏治疗第三个根源（东方智慧）的复兴。同时中国文化中依然具有生命的沉思传统，也将对此发展有所贡献。

于是我祝愿中国《沙盘游戏》杂志成为一个研究与交流的开放论坛，在以往东方与西方思想交流的基础上，这也正是沙盘游戏治疗的内在根源，以一种富有生气的创造方式，整合沙盘游戏治疗内部与外部的心理学新思潮。

后 记

荣格心理学与视觉艺术的探索意义深远。如今，以中国文化为基础的分析心理学在中国欣欣向荣，越来越多的专家、学者，以及心理学爱好者喜欢荣格，探索分析心理学的深层次含义。在这个心灵与艺术的交汇之处，我们走过了一段奇妙的旅程，探寻无意识的深层力量与智慧的源泉。撰写《无意识的智慧：荣格心理学与视觉艺术研究》一书，是对一场灵魂之旅的勾画，一次穿越符号的迷雾、原型的徜徉，探索艺术中那隐匿而又独特的象征之美。

我想让读者踏足荣格心理学的领域，感受原型的召唤，观看符号的舞蹈。在这片心灵的花园中，艺术作品成为我们探索的道路，画笔在画布上舞动，雕塑凝固了时光。象征的语言无需文字，透过色彩、形状，述说着关于人类存在的故事。这些艺术之作不仅是审美的享受，更是对心灵深处情感的触及，是对无意识深层情感的抒发。荣格心理学与艺术的结合，

后 记

呈现了一场奇妙的对话。在象征的海洋中，我发现了一种语言，一种超越文字的交流方式，连接了个体与文化、心灵与艺术之间的纽带。原型理论与符号学的融合，让我们看到了艺术背后更为深刻的秘密，那是一种潜在的、跨越时空的沟通。

作为作者，我希望这次旅程的收获不仅仅是学术的，更是心灵的丰盈。无论是荣格心理学的奥妙、艺术作品的美感，还是神话意象的深层象征，都为我们揭示了人类精神的神秘面纱。在这个意象丰富的宇宙中，我发现，无论是个体心灵的追求还是文化传承的延续，都需要一种超越言语的表达。愿这本著作成为一份心灵的航海图，带领读者穿越符号的海洋，徜徉原型的花园。愿每一个探索者在这里找到对自我、对艺术、对生命更深层次的理解。

愿我们一同沉醉在这无边的象征之美中，探寻无意识的力量，启发智慧的光芒！